Mario Markus

# Unsere Welt ohne Insekten?

Mario Markus

# UNSERE WELT OHNE INSEKTEN?

## Ein Teil der Natur verschwindet

KOSMOS

## » Danksagung

Meine langjährigen Freunde Ines Hagemeyer, Björn Zelinski und Friedrich Engels haben das Buch mit viel Liebe stilistisch verbessert. Die Entomologen Bernhard Klausnitzer, Patricia Hoffmeister, Felix Hager und Harald Heidemann haben meine fachlichen Patzer entdeckt und geholfen, sie auszumerzen. Besonderer Dank gilt meiner Lektorin Monika Weymann, die mir mit viel Menschlichkeit, Glaube an meine Botschaft und fachlichem Können zur Seite stand und das Buch in seine endgültige Form brachte.

# Inhalt

11 » TEIL 1
Nützliche Insekten, Spinnen und Krebse

61 » TEIL 2
Insekten und ihre Verwandten: Verblüffende Geschichten

184 » TEIL 3
Die Ursachen des Aussterbens

208 » TEIL 4
Was können wir tun?

233 » TEIL 5 – Anhang
› Unser Autor im Gespräch
› Register
› Bildnachweis
› Links und QR-Codes
› Impressum

## » Ein Plädoyer für die Kleinen

Als ich vor einem halben Jahrhundert noch studierte, sparte ich für eine Reise nach Rio de Janeiro. Dort sah ich die nachts grell angestrahlte Christusstatue (Cristo Redentor) und bewunderte die Vielzahl der verschiedenen, großen Schmetterlinge, die von der bestrahlten Fläche angezogen wurden. Vor Kurzem war ich wieder dort und sah keine Schmetterlinge mehr. Ebenso ging es mir in Pattaya, Thailand. Dort hatte ich als Doktorand trotz knappen Budgets ein Fünfsternehotel gebucht, weil die Lichter im Hotelpark aufgrund der Lage neben einem großen Wald nachts eine verblüffende Anzahl großer Käfer anzogen. Wenn ich die Käfer fing, um sie zu fotografieren, kamen oft die Hotelangestellten, um mir zu helfen. Vor Kurzem habe ich dieses Hotel wieder aufgesucht und fand dort keine Käfer mehr. Und auch in der Bolmke, einem Naturschutzpark in Dortmund, direkt neben meinem Haus beobachte ich das gleiche Phänomen: Wo es früher im Sommer vor Schmetterlingen nur so wimmelte, kann ich mich heute nur noch ab und zu über einen Kohlweißling freuen.

Wenn vom Aussterben der Arten die Rede ist, haben die meisten Menschen charismatische Tiere vor Augen – Pandas, Wale oder Tiger –, Tiere denen eine Aufmerksamkeit des breiten Publikums sicher ist. Ist aber z. B. vom Aussterben der Biene – einem Insekt, dem die Menschen durchaus Sympathie entgegenbringen – und den damit verbundenen dramatischen Folgen die Rede, hören viele schon nur noch mit einem halben Ohr hin. Hinweise auf die bedrohte Zauberwelt der Schmetterlinge, auf Insekten, die uns von Schädlingen befreien, die die Wissenschaft zu neuen Technologien inspirieren, Insekten, die die Weiterentwicklung der Medizin unterstützen und Teil von Nahrungsketten sind, an denen der Mensch beteiligt ist, verhallen vollends ungehört.

# » Insekten, Spinnen und Krebse

Dieses Buch stellt Tiere aus dem Stamm der **GLIEDERFÜSSER** vor. Dazu gehören vor allen Dingen die **INSEKTEN**, aber auch die **SPINNENTIERE**, die **TAUSENDFÜSSER**, die **KREBSTIERE** und einige weniger bekannte Tiere, wie Pfeilschwanzkrebse, Asselspinnen, Sachkiefler und Springschwänze. Die Insekten stellen die meisten interessanten Protagonisten. Aber auch die unglaublichen Fähigkeiten und faszinierenden Lebensweisen anderer Gliederfüßer sollten beachtet werden.

Man mag sich fragen: Wozu ein Buch über den Schutz der Insekten und ihre Verwandten? Viele von ihnen sind doch schädlich. Sie vernichten Ernten, sie übertragen Krankheiten oder sie stören den schönsten Sommertag oder die lauen Nächte.

Meine Antwort:

- Nur ein sehr kleiner Bruchteil der Insekten ist tatsächlich schädlich.
- Die allermeisten Insekten sind harmlos oder sogar nützlich, und zwar nicht nur für die Bestäubung von Nutzpflanzen. Tag für Tag werden neue Entdeckungen oder Ergebnisse der Forschung bekannt, die auf den Fähigkeiten von Insekten basieren.
- Insekten und ihre Verwandten gehören zu den schönsten und pfiffigsten Wesen auf unserem Planeten. Es ist schwierig Vögel oder Edelsteine zu finden, die in ihrer Schönheit mit ihnen vergleichbar sind - man muss nur genauer hinschauen.
- Die Welt der Gliederfüßer ist faszinierend, manchmal «wie von einem anderen Planeten», doch direkt in unserer Nähe.
- Insekten und ihre Verwandte sind Teil von Nahrungsketten, zu denen auch Vögel und Säugetiere und schließlich auch wir Menschen gehören. Wenn sie ausfallen, kann dies einen erheblichen Schaden für alle beteiligten Arten bedeuten.

Vor diesem Hintergrund wird deutlich, dass pauschale Vorurteile, pauschale Vernichtungsfeldzüge, pauschales Desinteresse an diesen Tieren nicht nur für die betroffenen Arten sondern für alle Lebewesen zerstörend wirkt. Gegen Schädlinge kann man sich auch differenziert und gezielt wehren, ohne unserer Umwelt noch mehr Schaden zuzufügen.

## » Warum werden die Insekten so vernachlässigt?

Zwei plausible Antworten scheint es auf diese Frage zu geben: Sehr viele Insekten sind so klein und leben so gut versteckt, dass es schwer ist, sie zu finden und sie zu erfassen. Bis 1980 schätzte man, dass es etwa drei bis fünf Millionen Insektenarten gibt. Dann kam Terry Erwin auf die Idee, unter Bäumen des Regenwalds Insektizidnebel aufsteigen zu lassen. Anschließend wurden die Bäume geschüttelt und die getöteten Tiere gezählt. Die Zahl der so entdeckten Arten lag weit über den Erwartungen. Eine Hochrechnung für die gesamte Erde ergab danach, dass man von 30 Millionen Arten von Insekten ausgehen kann. Allerdings sind nur circa eine Million davon wissenschaftlich erfasst.

Ein weiterer Grund könnte sein, dass viele Insekten, die uns täglich begegnen und die unseren Alltag teilen, der Kategorie «Schädlinge» zugeordnet werden, da sich ihre Lebensgewohnheiten und -bedürfnisse nicht mit den unseren vereinbaren lassen. Sie erzeugen oft Abscheu, Furcht, wenn nicht sogar Ekel. Die Vernichtung der Schmetterlinge, Käfer, Tausendfüßer, der Kleinen und Kleinsten geschieht im Verborgenen. Und das, obwohl sie über die Nahrungsnetze mit allen Lebewesen auf dieser Erde verbunden sind.

Ich widme dieses Buch dem Schutz der bedrohten Insekten und ihren nahen Verwandten, den Spinnen- und Krebstieren, sowie den

Tausendfüßern. Wir kennen nur einen winzigen Bruchteil dieser Arten. Dies bedeutet aber auch, dass sie möglicherweise verschwinden, bevor man sie und damit ihre faszinierenden Verhaltensweisen und auch ihre möglichen Dienste für uns entdeckt hat. Mein Anliegen ist es, ihre verblüffenden Eigenschaften und Fähigkeiten zu zeigen und von ihrem Nutzen, ihrer Einzigartigkeit und ihrer Bedeutung für uns alle zu berichten.

Insekten, Spinnentiere, Krebstiere und Tausendfüßer sind großartig: Sie verdienen unsere Bewunderung, unseren Respekt und unseren Schutz.

TEIL 1

# Nützliche Insekten, Spinnen und Krebse

MANCHE MÖGENS HEISS

# » Der feuerliebende Käfer

Was veranlasst den Schwarzen Kiefernprachtkäfer *Melanophila acuminata*, brennende Wälder aufzusuchen? Ganz einfach: Er legt seine Eier in verbrannten Bäumen ab. Da der geschädigte Baum kein Harz mehr bildet, kann er sich nur schlecht gegen den Eindringling wehren. Hat der Käfer sich eingenistet, findet er in der Umgebung außerdem zahlreiche, durch den Brand getöteten Tiere, an denen er sich satt isst. Lästige Konkurrenten oder Räuber muss er nicht fürchten. Wer außer ihm sollte sich in sein abgebranntes Revier verirren?

Besonders hilfreich bei der Suche nach einer geeigneten Unterkunft ist seine Fähigkeit, Infrarotstrahlung, also Wärmestrahlung, aus einer Entfernung von bis zu zehn Kilometern wahrzunehmen. Hierfür nutzt er Organe an seinem Hinterleib. Sie bestehen aus circa 70 halbkugelförmigen Einheiten, sogenannten Sensillen. Durch die Infrarotstrahlen erwärmen sich die Sensillen und dehnen sich aus. Diese Ausdehnung beträgt zwar nur einen Millionstel Millimeter, reicht aber aus, um die Nervenenden des sensiblen Käfers anzuregen. Je nach Richtung der einfallenden Infrarotstrahlung empfangen dabei nur bestimmte Sensillen das Signal. Auf diese Weise kann der Käfer seine Flugrichtung zum Brand korrekt einhalten.

So viel Talent zur Wärmewahrnehmung ruft Nachahmer auf den Plan: Inspiriert vom Schwarzen Kiefernprachtkäfer entwickelten Bonner Wissenschaftler und Horst Bleckmann und Helmut Schmitz einen «Bionischen Infarotsensor». Sie verwendeten Teflon als Infrarotabsorber und kombinierten es mit einem Piezoelement, das die Ausdehnung durch die Infrarotstrahlung in elektrischen Strom umwandelt.

Forscher arbeiten auch an einer künstlichen Netzhaut mit vielen nebeneinanderliegenden Elementen, um bei Dunkelheit Tiere oder

Menschen durch ihre Infrarotstrahlung zu erkennen. Wissenschaftler um Ulrich Wohlgemuth an der Universität Magdeburg-Stendal entwickeln außerdem einen im Wald patrouillierenden Löschroboter mit einem vom Kiefernprachtkäfer inspirierten Detektor-Mechanismus.

WÜSTENWASSERSAMMLER

## » Ein Käfer, der Nebel trinkt

Käfer sind wahre Lebenskünstler. Sie überleben auch in der Wüste – sogar in der Namib-Wüste an der Küste Südwestafrikas, die zu den trockensten Gebieten der Erde gehört. Genau hier lebt der Nebeltrinker-Käfer. Ganz ohne Wasser kommt allerdings auch dieser Wüstenbewohner nicht aus. Also krabbelt er vor Tau und Tag auf die Gipfel der Sanddünen. Dort richtet er den Kopf gegen den Wind und bildet dabei einen Winkel von 23 bis 45 Grad zwischen seinem Kopf und dem höher liegenden Hinterleibsende. Hier in luftiger Höhe transportiert der neblige Wind bis 40 Tausendstel Millimeter große Wassertröpfchen, die ohne den ausgefeilten Sammelmechanismus des Käfers rasch durch die Wüstenhitze und den Wind verloren gingen. Doch auf dem Käferkörper fügen sich die unendlich vielen kleinen Tröpfchen zu großen Tropfen zusammen und rollen schließlich, dank der Schwerkraft, direkt in den Käfermund.

Im Jahr 2001 entdeckten die englischen Forscher Andrew Parker und Chris Lawrence diese ausgefeilte Kunst des Wassersammelns. Als sie die Oberfläche des Käfers untersuchten, fanden sie etwa 0,5 Millimeter große Erhebungen, die in ihren Kuppen jeweils einen Wasser anziehenden Bereich haben. Ansonsten ist die Oberfläche stark wasserabweisend und besteht aus einer Ansammlung von einem Hundertstel Millimeter großen Zapfen, die von einer Wachsschicht überzogen sind.

An den Wasser anziehenden Bereichen des Käferpanzers sammeln sich die Wassertröpfchen des Nebels. Nach und nach schließen sie sich zu großen Tropfen zusammen, die größtenteils auf den zapfenbestückten, wasserabstoßenden Bereichen liegen. Die Luft zwischen den Zapfen sorgt für einen minimalen Kontakt des Wassers mit der Oberfläche, sodass die Tropfen fast perfekt kugelförmig werden und wie Bälle abwärts zum Käfermund rollen. Die englischen Forscher und die Wissenschaftler um Robert Cohen und Michael Rubner des Massachusetts Institute of Technology entwickeln seither künstliche «Nebelfänger», die auf dem Prinzip dieses Käferpanzers beruhen.

HIMMLISCH FEIN, ELASTISCH, REISSFEST

## » Die Super-Kraft der Spinnenfäden

Die Fäden der *Nephila pilipes*, der Webspinnen, sind wahre Alleskönner. Aufgrund ihrer antiseptischen Wirkung benutzten schon die Griechen und Römer Spinnenseide als Wundpflaster. Wegen ihrer mechanischen Eigenschaften verwenden Fischer der polynesischen Salomon-Inseln sie noch heute zum Fischfang. Im Mittelalter wurden mit größtem Aufwand Schals aus Spinnenseide gewoben, die Reichtum und Macht ihrer Besitzer demonstrierten. Die Griechen waren von dem Gewebe der Spinnen so fasziniert, dass sie von einem Webewettbewerb zwischen der Göttin Athene und der Weberin Arachne erzählten. Da Arachne den Wettbewerb gewann, zerstörte die erboste Athene Arachnes Werk. Arachne erhängte sich, doch Athene ließ sie nicht sterben und verwandelte die wahre Siegerin in eine Webspinne. Es scheint, als wäre die kleine Spinne der Superheld unter ihren Artgenossen. Wie kommt das? Die Radnetzspinnen können mithilfe verschiedener Drüsen und Spinnspulen in ihrem Hinterleib sieben verschiedene Sorten von Spinnfäden herstellen:

1. eine witterungsfeste Seide für die Hülle ihres Eikokons
2. eine weiche Seide für das Innere des Eikokons
3. ein tragfähiger, kaum dehnbarer Sicherheitsfaden, um sich abzuseilen
4. einen starren Faden für den Rahmen und die Radien ihres Netzes
5. eine dehnbare und reißfeste Seide für die Spirale im Netz
6. eine sehr belastbare Seide zum Einwickeln der Beute
7. ein klebriger, zugfester Faden zum Verkleben anderer Fäden

Die einzigartige Beschaffenheit der unterschiedlichen Fäden liegt zum einen an der jeweiligen Zusammensetzung von Proteinen, zum anderen am entsprechenden Säuregehalt und auch an der unterschiedlichen Anordnung der Proteine im Faden.

Das Ergebnis ist beachtlich: Die reißfesteste Sorte hält bei einem Durchmesser von einem Zentimeter einer Kraft von 80 Tonnen stand. Die dünnste Sorte ließe sich bei einem Gesamtgewicht von 200 Gramm um den gesamten Erdball wickeln. Eine andere Sorte kann durch einen Aufprall dreimal mehr Bewegungsenergie aufnehmen als die synthetische Faser Kevlar, aus der man unter anderem Panzerwesten herstellt. Die dehnbarste Sorte lässt sich auf die vierfache Länge dehnen, bevor sie reißt, und übersteigt damit die Dehnbarkeit jedes bekannten Nylonfadens.

Bislang blieb jede Nachahmung der Spinnenseide durch den Menschen erfolglos – leider, denn die Fäden sind antiseptisch, biologisch völlig abbaubar und werden vom menschlichen Immunsystem nicht abgestoßen. Sie eignen sich zum Beispiel zum Nähen bei chirurgischen Eingriffen oder sogar zum Zusammenfügen von durchtrennten Nervenfasern beim Annähen eines Körperteils nach einem Unfall.

Doch damit nicht genug. Ließe sich Spinnenseide in größeren Mengen herstellen, könnten Kletterseile oder Seile von Fallschirmen die gleiche Leistung erbringen wie herkömmliche Seile, wären dabei jedoch leichter und raumsparender. Spinnenseide könnte auch als Ersatz von Kunststoffen wie zum Beispiel PCV dienen, und den Menschen hier unabhängig vom Rohstoff Öl machen.

Zuletzt wäre die Entwicklung auch für die Musik von Vorteil. Die in Südjapan entwickelten Geigensaiten, normalerweise aus Nylonfasern oder Naturdärmen hergestellt, bestehen aus Seide der Spinnenart *Nephila maculata*. Ihre Klangfarbe versetzte Violinisten auf der ganzen Welt in Staunen. Eine Massenherstellung der besonderen Seide durch Züchten und Melken von Radnetzspinnen ist nicht möglich. Aufgrund ihrer Veranlagung zum Kannibalismus kann man sie nur allein halten. Außerdem ist die in Gefangenschaft erzeugte Seide qualitativ deutlich schlechter als die von frei lebenden Tieren. Die Qualität der natürlichen Spinnnenseidenfäden bleibt also nach wie vor unerreicht. Seit 400 Millionen Jahren haben die Spinnen die Nase vorn!

LUFTIGE GLOCKE

## » Die etwas andere Behausung der Wasserspinne

Die Arachnologische Gesellschaft Deutschlands wählte im Jahre 2000 die Wasserspinne *Argyroneta aquatica* zur Spinnne des Jahres. Der Grund dafür war ihre eigenartige Lebensweise und ihre Gefährdung. Die in Asien, Europa und Nordafrika lebende Wasserspinne baut glockenförmige Gewebe unter Wasser und füllt diese mit Luftblasen, die sie nach und nach von oberhalb der Wasserfläche herabholt. Obwohl sie gelegentlich die Luft auffrischt, indem sie frische Luftblasen herunterbringt, ist dies nicht immer notwendig, da Überschuss von $CO_2$ bzw. Mangel an Sauerstoff durch natürliche Strömungen dieser Gase durch das Spinnennetz ($CO_2$ nach außen und im Wasser gelöster Sauerstoff nach innen) ausgeglichen wird. Ein Männchen, das im Gegensatz zu anderen Spinnenarten größer als ein Weibchen ist, baut seine Glocke in der Nähe der eines Weibchens und dann einen Tunnel, um in die Glocke des Weibchens zu gelangen. Dort findet die Paarung statt. Das Weibchen webt dann eine Kammer in seiner Glocke, in die sie 30 bis 70 Eier legt. Die geschlüpften kleinen Spinnen bauen zunächst keine eigene Glocke, sondern leben in leeren Schalen von Wasserschnecken, die sie mit Luftblasen füllen.

Außerhalb dieser Behausung, ist der Körper dieser Spinne auf natürliche Weise mit Luft umhüllt denn ihr Körper ist mit feinen Härchen überzogen Das Wasser liegt rundum auf den Härchen, und zwischen diesen Härchen befindet sich Luft. So kann sie die Luft auch durch das Wasser in ihre Glocke transportieren. Dieses Phänomen ähnelt dem sogenannten Lotuseffekt: Auf einem Lotusblatt oberhalb des Wassers berühren die Wassertropfen nur die Spitzen von sehr kleinen Zapfen auf der Blattoberfläche, während sich zwischen den Zapfen kein Wasser, sondern Luft befindet. Es gibt Spinnenarten, zum Beispiel die in den Tropen lebende Wasserjagdspinne *Ancylometes bogotensis*, die ebenfalls diesen lotusblattähnlichen Effekt nutzt, jedoch ohne eine Glocke unter Wasser zu bauen. Diese Spinne kann dank ihrer Lufthülle 30 Minuten unter Wasser bleiben, um Insektenlarven und kleine Krebse zu fangen. Diese Unterwasserversion des Lotuseffektes wurde von der Gruppe um Wilhelm Barthlott an der Universität Bonn an rund 25 Pflanzen und Tierarten untersucht. Interessant ist die Anwendung entsprechender Oberflächen bei der Herstellung von Badekleidung, die nicht nass wird. Bislang gelang es, Textilien herzustellen, die vier Tage lang unter Wasser trocken bleiben. Noch interessanter ist, dass die Lufschicht eine Verminderung des Reibungswiderstandes um 20 % bewirkt, was Anwendungen im Wassertransport durch Rohre und in der Schiffahrt findet.

IM AUGE DER NACHTFALTER

## » Vorbild für Solartechnologie

Nachtfalter besitzen auf ihren Augen eine Struktur, welche die Reflexion von Licht stark reduziert. Dadurch wird die Sehfähigkeit erhöht, weil das Licht fast vollständig in die Augen eintritt. Für den Menschen bedeutet z. B. eine schwächere Lichtreflexion von Glas eine effizientere Nutzung der Sonnenstrahlung bei der Erzeugung von Solarenergie.

Die Nachtfalter nutzen hierfür das folgende Prinzip: Nimmt die Lichtbrechung vom Auge hin zur Luft nicht bruchartig ab, sondern stetig, wird die Reflexion reduziert. Dies wird dadurch erreicht, dass die Augenoberfläche mit vielen winzigen, kegelförmigen Erhebungen übersät ist, sodass der Anteil der Luft nach außen zunimmt und somit die Lichtbrechung nach außen stetig abnimmt. Dies funktioniert deshalb, weil die Abstände zwischen den Erhebungen kleiner sind als die Wellenlänge des Lichts.

Forscher des Fraunhofer-Instituts für Silicatforschung in Würzburg, sowie des Freiburger Fraunhofer-Instituts für Solare Energiesysteme und für Werkstoffmechanik haben das oben beschriebene Prinzip des Nachtfalterauges in durchsichtigen Materialien verwirklicht und konnten so die effizienzmindernde Reflexion von Licht auf der Oberfäche von Solarzellen fast vollständig unterbinden.

NIE MEHR VERLAUFEN

## » Ein Kompass in der Wüste

Anfang des 20. Jahrhunderts beschäftigte sich der Schweizer Entomologe Felix Santschi im tunesischen Kairouan mit Ameisen der Gattung *Cataglyphis*, die sich in der strukturlosen Wüste verblüffend gut orientieren können. Er nannte ihre Komplexaugen *les yeux 'boussole'*, die Kompassaugen. Doch erst siebzig Jahre später hat die Gruppe um seinen Landsmann Rüdiger Wehner dieses Phänomen gründlich erforscht und erklärt.

Der Orientierungssinn dieser Ameisen basiert, ähnlich wie bei den Bienen, auf der Polarisation des Sonnenlichts. Licht besteht aus Wellen, die in allen Richtungen senkrecht zu ihrer Ausbreitungsrichtung schwingen. Durch Streuung an der Luft wird das Licht jedoch polarisiert, das heißt, dass es nur noch in einer Richtung schwingt. Richtung und Stärke des so polarisierten Lichtes variieren je nach Himmelsrichtung. Wenn man sich vorstellt, die Sonne sei der Nordpol, ihr entgegengesetzter Punkt hinter dem Horizont der Südpol und der Kreis mittig dazwischen der Äquator, dann ist die Polarisationsrichtung gleich der Richtung der Breitenkreise und die Polarisationsstärke nimmt von den Polen zum Äquator zu. Dieses Muster wandert während des Tages, entsprechend der Position der Sonne. Da wir Menschen «polarisationsblind» sind, bleibt uns dieses Muster ohne eine Spezialvorrichtung verborgen.

Das Polarisationsmuster stellt eine Art Landkarte am Himmel dar, sodass die Ameisen ihre Wanderrichtungen ermitteln können. Richtungsänderungen werden von ihrem Gehirn gespeichert und für eine erfolfreiche Rückkehr zum Nest später berücksichtigt. Oft entfernen sie sich über hundert Meter von ihrem Nest. Da sie dies aber mit Geschwindigkeiten von bis zu einem Meter pro Sekunde tun, verändert sich die «Polarisationskarte» am Himmel nicht allzu stark während ihrer Ausflüge, sodass sie ihre gespeicherte Information über ihren zurückgelegten Weg nutzen können.

Umskaliert entspräche die Leistung dieser Ameise der eines Menschen, der nach mehreren Kilometern Wandern durch strukturloses, gewundenes Gelände, den Weg zum Ausgangspunkt zurückfinden könnte. Ausschlaggebend für die Effizienz der *Cataglyphis* sind ihre einzigartigen Facettenaugen. Teile der Netzhaut dieser Augen, die für die Orientierung sorgen, ähneln Bürsten mit feinen, lichtempfindlichen Röhrchen. Diese Röhrchen liegen alle parallel zueinander. Je näher ihre Ausrichtung der Polarisationsrichtung kommt, desto stärker werden sie durch das Licht angeregt.

An der Universität Zürich entwickelten Insektenforscher um Rüdiger Wehner zusammen mit Informatikern um Dimitrios Lambrinos im Jahr 2000 einen Roboter, den *Sahabot*, der sich in der Sahara erfolgreich nach dem Prinzip dieser Wüstenameise orientiert.

GUTE LUFT

## » Termiten als Modell für Belüftungsanlagen

Termitennester beherbergen bis zu drei Millionen Individuen, reichen sieben Meter in die Höhe und 3 Meter in die Tiefe. Sie haben einen Basisdurchmesser von bis zu 30 Metern. Etwa in der Mitte befindet sich die Kammer der Königin, das einzige Individuum, das für Nachwuchs sorgt. In ihrer Umgebung sind die Kammern für die Eier und die Larven. Darunter sind die Kammern, in denen für die Termiten nahrhafte Pilze wachsen und zerkleinertes Holz lagert, welches mithilfe der Pilze verdaulich gemacht wird. Gebaut werden diese «Hochhäuser» aus Erde und Speichel, gelegentlich vermischt mit zerkautem Holz und Kot.

Sowohl der Stoffwechsel der Termiten wie auch der der Pilze erzeugen Wärme und $CO_2$. Aufgrund ihrer hohen Temperatur steigt die Luft auf, kühlt sich in einer Art Kuppel und sinkt in dünnen Rohren, die sich nahe der Außenfläche des Nests befinden, in die Nestkammern hinab. Durch den Überschuss an $CO_2$ und den Mangel an Sauerstoff in den Rohren entsteht durch Poren, die sich zwischen den Rohren und der Außenfläche befinden, ein ausgleichender Strom von

$CO_2$ nach außen und von Sauerstoff nach innen. Im Gegensatz dazu befindet sich zwischen den Rohren und dem Inneren des Nestes eine dicke Wand, die als Isolierschicht wirkt. Forscher an der Universität Loughborough in England unter der Leitung von Rupert Soar entwickeln Klimaanlagen nach diesem Prinzip. Nach einem Prototyp in den Bibliotheksräumen der Universität von Leicester wurden solche Anlagen schon in mehreren Gebäuden eingesetzt.

STRAHLENDER GLANZ UND SATTES ROT

## » Schildläuse produzieren Farben und Lacke

Schildläuse dienen der Herstellung von zwei wichtigen Produkten: Schellack und dem roten Farbstoff Cochenille. Der Grund dafür, dass diese Substanzen immer noch verwendet werden, ist der, dass sie biologisch abbaubar, gesundheitlich unbedenklich und teilweise chemisch stabiler als alternative synthetische Stoffe sind.

Schellack ist eine Substanz, die von der in zahlreichen Baumarten lebenden Lackschildlaus *Kerria lacca* als eine Art Harz in Baumkrusten ausgeschieden wird und in frühen Entwicklungsstadien den Schildläusen, etwa wie eine Festung, als Schutz dient. Nach einiger Zeit verlassen die Schildläuse diese Regionen. Man trennt diese harzige Kruste vom Holz, trocknet sie und verarbeitet sie zu Schellack. Je nach Verarbeitungsprozedur erhält man sehr unterschiedliche Produkte.

Früher stellte man Schallplatten aus dem legendären Schellack her, doch ab 1958 stand das weniger zerbrechliche Vinyl dafür zur Verfügung. Heutzutage benutzt man noch Substanzen auf Schellackbasis als Überzugsmittel für Schokoladekugeln, die erst im Mund und nicht in der Hand schmelzen sollen, sowie als Überzug für magensaftresistente Medikamente, die erst im Darm freigesetzt werden. Ferner benutzt man Schellackprodukte zum Lackieren von Musikinstrumenten, zur Vergällung von Alkohol sowie als Bestandteil von gelbem Feuerwerk, Zeichentusche, Haarspray, Lippenstiften und Nagellack. Darüber hinaus wird im Handel eine sehr dünne Schicht Schellack über ausgewaschenes Obst gelegt, um sein Eintrocknen zu vermeiden. Die weltweite Jahresproduktion von Schellack liegt bei 30.000 Tonnen, wobei 300.000 Lackschildläuse gebraucht werden, um ein Kilogramm Schellack herzustellen.

Während man Schellack aus der aus Asien stammenden Schildlaus *Kerria lacca* gewinnt, erhält man den roten Farbstoff Cochenille aus europäischen und amerikanischen Schildlausarten. Das intensivste Rot entsteht aus der aus Amerika stammenden Schildlaus *Dactylopius coccus*. Diese gedeiht auf Opuntien-Kakteen und war schon vor der Ankunft von Kolumbus eine bedeutende Handelsware in Amerika. Kleidung, Töpfe, Statuen und Hausteile wurden damit gefärbt. Auch Frauen benutzten es, um Wangen, Hände und Brüste zu färben. In Europa dagegen kannte man bereits in der Eisenzeit die roten Farbstoffe der Schildlaus *Kermes vermilio*, die auf der Kermeseiche gedeiht, sowie auch die Farbstoffe der sogenannten polnischen Cochenille-Laus *Porphyrophora apolonica*, die unterirdisch an den Wurzeln eines Nelkengewächses lebt. Ende des 16. Jahrhunderts jedoch wurden diese durch Importe der farbintensiveren amerikanischen Schildlaus verdrängt. Zu jener Zeit gehörte dieses Insekt, neben Silber, zu den wichtigsten Exportwaren aus den spanischen Kolonien in Süd- und Mittelamerika. Ihr Rot war Teil der Farbpaletten von Tintoretto, Vermeer, Rubens und Velázquez. Heute noch verwendet man das aus Amerika stammende Rot, und zwar in der Kosmetik und als Lebensmittelfarbstoff E120.

VON KÜNSTLICHEN ORGANEN BIS ZU KLÄRANLAGEN

## » Insekten und Krebse liefern die Rohstoffe

Die Panzer von Insekten und Krebstieren bestehen aus Chitin, das die Panzer biegsam macht, sowie aus Proteinen oder Kalk, das ihnen Härte verleihen. Aus dem Chitin kann man, mithilfe einer Lauge, Chitosan gewinnen, das durch die Vielfalt seiner industriellen und medizinischen Anwendungen in Japan bereits bei 781 und in Deutschland bei 61 Patenten eine Rolle spielt.

Chitosan mutet wie ein Wundermittel an. Wichtig ist dabei seine stabile Konsistenz, seine Verträglichkeit mit dem menschlichen Körper, seine Wirkung als Fungizid und Bakterizid sowie die Fähigkeit, Schwermetalle zu binden und so zu entschärfen. Es dient der Herstellung von künstlicher Haut und menschlichen Blutgefäßen, bekämpft Fadenwürmer, ist blutstillend, hilft bei der Fettverdauung, vermindert das Cholesterin und stimuliert das Immunsystem. Außerdem wird es zur Herstellung von Lautsprechermembranen und von Filtermaterial für Kläranlagen verwendet, säubert Getränke, entfernt Farbstoffe und wirkt als Haarfestiger und Oberflächenglättemittel. Zurzeit wird es hauptsächlich aus Abfällen der Krabbenfischerei gewonnen oder durch Massenfänge des weitverbreiteten Kleinkrebses Krill.

PHYSIKALISCHES STREITTHEMA

## » Kann sie tatsächlich nicht fliegen, die Hummel?

In dem Buch *Le vol des insects* von Antoine Magnan wird 1934 das Rätsel formuliert, dass nach den Gesetzen der Aerodynamik der Auftrieb nicht ausreicht, um ein Insekt in der Luft zu halten. Seitdem ist dies ein häufiges kurioses Diskussionsthema.

Doch wie kann man erklären, dass Hummeln doch fliegen können, dass sie obendrein auf der Stelle schweben oder rückwärtsfliegen oder sich beim Landen unter einem Blatt präzise drehen können? Die Antwort ist: Die Gesetze der Aerodynamik, wie man sie bei Flugzeugen anwendet, gelten für starre Körper, um die sich die Luft in stationären Stromlinien bewegt. Die Flügel eines Insekts sind jedoch beweglich: Ihre Spitzen beschreiben eine elliptische Bahn. Außerdem wechseln die Flügel während eines Schlags die Richtung: Beim Abschlag zeigt die Flügeloberseite und beim Aufschlag die Unterseite nach oben.

Im Gegensatz zu Flugzeugen nutzen Insekten Luftwirbel für ihren Flug. Dabei kommt ihnen zum einen der sogenannte Vorderkantwirbel zugute. Dieser bildet sich auch an Flugzeugen. Wenn die Tragfläche zu steil wird, erzeugt dieser Wirbel dort für eine kurze Zeit einen Auftrieb. Der Wirbel kann sich dann aber von der Tragfläche lösen und einen unerwünschten Auftriebsverlust verursachen. Der Flügelschlag eines Insekts dagegen erzeugt eine Luftströmung, die diesen Wirbel zwar zunehmend abschwächt, ihn jedoch am Flügel festhält, sodass er weiterhin für Auftrieb sorgt. Dieser Effekt allein reicht aber nicht aus, um die Flugleistung vollständig zu erklären. Zwei weitere Zusatzauftriebe helfen noch mit: Der «Backspin» und die «Energie aus dem Nachlauf». Der «Backspin», den Effekt kennen auch die Tennisspieler, kommt von der Drehung der Flügel. Diese Drehung verläuft in ihrem unteren Teil in Flugrichtung. Dort erhöht sie den Gegenwind und damit den Luftdruck. Im oberen Teil geschieht das Gegenteil. So entsteht in der Summe eine Kraft nach oben. Obwohl die Flügel nicht rund sind wie ein Tennisball, ist das gleiche physikalische Prinzip anwendbar. Bei der «Energie aus dem Nachlauf» werden Wirbel genutzt, die im Gegensatz zum Vorderkantenwirbel (siehe oben) im vorherigen Schlag entstanden sind, jedoch noch im hinteren Teil des Flügels verbleiben und dort zum Teil dem Flügel «nachlaufen» und so Auftrieb erzeugen.

Insekten können die oben beschriebenen Effekte steuern. Dazu benutzen sie, neben ihren Augen, eine große Anzahl von Kraftdetektoren an den Flügeln. Viele Insekten, z. B. Libellen, besitzen innerhalb der Flügelflächen Mikrogelenke, die aus dem gummiartigen Resilin bestehen, günstige Wölbungen und Torsionen der Flügel ermöglichen und somit die Flugfähigkeit unterstützen. Bei anderen Insekten, z. B. Florfliegen, schlagen Vorder- und Hinterflügel nicht synchron. Dies nutzen sie zusätzlich für ihre Flugmanöver.

Die Untersuchung des Insektenflugs hat dazu beigetragen, technische Störungen in unseren Flugsystemen, besonders dann, wenn Turbulenz beteiligt ist, zu verstehen und zu beheben. Darüber hinaus versucht man in neuen Entwicklungen von Flugkörpern Ideen aus der Insektenwelt zu übernehmen.

GLEICH KNALLTS

## » Wie Knallkrebse Fotos unter Wasser ermöglichen

Im Zweiten Weltkrieg vermutete die US-Navy vor der Küste Floridas eine hinterhältige Lärmquelle der Sowjets, die das Sonar der U-Boote außer Kraft setzte. Das plötzlich auftretende und enorm laute Geräusch war nicht anders zu erklären. Doch die Ursache hatte mit den Sowjets nur wenig zu tun. Hinter dem Lärm steckten Tausende Tiere aus der Familie der Knallkrebse (*Alpheidae*). Diese Tiere produzieren mit ihren Scheren einen Knall, der mehr als einen Kilometer weit zu hören ist. In Kolonien aus mehreren Tieren bilden sie die stärkste Geräuschquelle der Ozeane – und sind durchaus auch in der Lage, die menschliche Technik an U-Booten erheblich zu beeinflussen.

Knallkrebse leben in allen subtropischen und tropischen Meeren der Welt. Wie alle Krebse besitzen sie eine Schere zum Greifen, zusätzlich aber auch eine weitere, viel größere Schere, etwa halb so groß wie der ganze Krebs. Diese erzeugt einen Knall von der Lautstärke eines Düsenjets. Allerdings ist dieser Knall an der Luft sehr viel leiser als im Wasser. Warum?

Forscher um Barbara Schmitz an der TU München fanden im Jahr 2000 heraus, dass nicht das Zusammenklappen der Schere den Knall verursacht, sondern die Implosion einer Kavitationsblase aus heißem Wasserdampf. Diese entsteht durch die extreme Geschwindigkeit beim Zusammenklappen der Schere, wobei das Wasser auf etwa 100 Stundenkilometer beschleunigt wird. Das erhitzt das umgebende Wasser auf 4000 bis 5000 Grad und erzeugt eine Wasserdampfblase, die kurz darauf aufgrund des Absinkens der Temperatur extrem laut implodiert und einen schwachen Lichtblitz erzeugt. Das Ganze dauert nur etwa eine tausendstel Sekunde.

Die Krebse nutzen ihren Knall zur Jagd. Der entstehende Druck betäubt oder tötet ihre Beute und hält zudem Feinde fern. Wird eine Knallschere abgetrennt, entwickelt sich aus der anderen Schere eine neue Knallschere. Der Stummel der abgetrennten Schere heilt zu einer Greifschere. Auch bei internen Kämpfen um die Hierarchie ist die Knallschere nützlich. Die beiden Kontrahenten halten gebührenden Abstand. Sie duellieren sich lediglich mithilfe ihrer einzigartigen Waffe. Zu Schaden kommt dabei keiner der beiden. Wer den lautesten Knall erzeugt, gewinnt.

US-amerikanische Biologen um Emmett Duffy entdeckten 1996 eine weitere Besonderheit der Knallkrebse. Die in der Karibik lebende Art *Synalpheus regalis* ist ein Staaten bildendes Tier – und damit einmalig unter den Knallkrebsen und auch unter den Meerestieren. Andere Knallkrebse leben in Paaren zusammen, ihre Larven schwimmen im Meer als Plankton. Bei den Staaten bildenden Krebsen leben bis zu 300 Individuen mit ihren Larven im Innern riesiger Schwämme. Die Bewegung von Geißeln in den Schwämmen, den Choanocyten, verursacht Wasserströmungen, die die Krebse mit Nahrung versorgen. Wie bei Honigbienen gibt es eine «Königin», also lediglich ein eierlegendes Tier. Die anderen Koloniekrebse kümmern sich um den Nachwuchs oder die Verteidigung.

Im Jahr 1992 veröffentlichte der US-Amerikaner Michael Buckingham, der über akustische Phänomene unter Wasser forschte, ein Verfahren, mit dem er mithilfe der Knallkrebse akustische Unterwasserbilder aufnehmen konnte. Das Prinzip funktioniert analog zur Herstellung von Bildern mithilfe von Sonnenlicht. Bei den akustischen Bildern wird ein parabolischer Reflektor anstelle einer Linse, verwendet. Die Geräusche der Knallkrebse übernehmen die Aufgabe der Sonne. Sie erzeugen ein Rauschen ähnlich der Sonne an einem bewölkten Himmel. Darum trägt das Krebsgeräusch auch den Namen «akustisches Tageslicht». Im Gegensatz zu herkömmlichen akustischen Ortungsverfahren, bei denen man einfach nur das Echo einer Schallwelle empfängt, lassen sich so Bilder oder sogar Filme erstellen – ein enormer Fortschritt für die Unterwassersicht in der Schifffahrt, für Bodenvermessungen sowie das Erkennen von Objekten in trüben Gewässern.

SPIEGLEIN, SPIEGLEIN

## » Die besonderen Augen der Krebse

Im Jahr 1668 entwickelte Isaac Newton ein Teleskop, das auf Lichtbündelung durch einen Parabolspiegel basiert. Damit umging er die Aufspaltung von Licht in verschiedenen Farben durch Glaslinsen in Galilei-Fernrohren. 300 Jahre später fanden Forscher die newtonsche Konstruktion in den Augen des in 1000 Metern Meerestiefe lebenden Krebses *Gigantocypris*. Hätte Newton das geglaubt?

Von oben betrachtet ist der Spiegel der Krebsaugen parabolisch, von der Seite gesehen hat er aber die Form einer Halbkugel. Der Krebs sieht damit siebzehnmal heller als Fische durch Linsenaugen. Doch wie kann es in einem Tierauge einen Spiegel geben? Die tierischen Spiegel bestehen nicht aus metallbeschichtetem Glas, sondern aus Schichten von Zellplasma und Guanin-Kristallen. An den Übergängen zwischen diesen Schichten wird das Licht so reflektiert, dass sowohl Wellentäler wie auch Wellenberge des einfallenden und des reflektierten Lichts zusammentreffen und sich jeweils verstärken. Ihre Reflexion ist sogar besser als die eines jeden Metallspiegels. Nach diesem Vorbild lassen sich noch bessere optische Geräte herstellen als sonst üblich. Das Prinzip hat sich am besten bei der Beobachtung von Röntgenstrahlen aus dem All bewährt.

SICHER AUF DREI BEINEN

## » Rettungsroboter, die wie Stabschrecken gehen

Was haben Roboter und Gespensterschrecken gemeinsam? Eine ganze Menge. Denn dank der Bewegungsmuster der sogenannten Stabschrecken, die zu der Ordnung der Gespenstschrecken gehören, kann der Mensch heute auch Roboter in unbetretbare Areale schicken: Von Erdbeben zerstörte Gebiete, Vulkane, mit Landminen versetztes Gelände oder sogar fremde Planeten. Die ihrem Bewegungsmuster nachempfundenen Roboter bewegen sich sogar in atomar verseuchten Landschaften, in die sich kein Mensch wagt. Nach der Katastrophe von Tschernobyl 1986 erlebte die Entwicklung beweglicher Roboter in Europa großen Auftrieb. Ein Erdbeben in Japan 1995 war außerdem Anlass für den «RoboCup Rescue»-Wettbewerb. Bis heute konkurrieren bei diesem Wettkampf Roboter, die in erdbebengeschädigten Geländen nach verschütteten Menschen suchen könnten. Sogar die verschlungenen Rohre von Abwassersystemen sind für sie nicht unbegehbar.

Wie funktionierrt jetzt aber das Vorbild? Der Körper der Stabschrecke ähnelt einem Ast. Beim Laufen berührt sie mit drei ihrer sechs Beine den Boden. Das verleiht ihrem Gang außerordentliche Stabilität, denn die Beine bilden stets ein gleichseitiges Dreieck und der Schwerpunkt des Insekts liegt genau in der Mitte dieses Dreiecks.

Zusätzlich sind die Beine der Stabschrecke jeweils mit drei Gelenken ausgestattet, jedes mit einer eigenen Funktion. Für die Entwicklung der Roboter bedeutet das: Jedes Gelenk wird am besten mit einem eigenen Motor ausgestattet werden. Alle Gelenkmotoren werden durch ein künstliches neuronales Netz gesteuert, das die kleinsten Rückkopplungssignale berücksichtigt. Dadurch bewegt sich der Roboter auch auf nachgiebigem Boden, wie etwa Sand, so sicher wie auf hartem Boden. Er erkennt außerdem größere und kleinere Hindernisse und umgeht sie einfach.Wenn er doch einmal hinfallen sollte, steht er sogar wieder auf. Er läuft Kurven und setzt auch nicht aus, wenn ein Bein versagen sollte.

Bekannte Laufroboter nach Stabheuschreckenart sind MAX der TU-München, TARRY der Universität Duisburg und LAURON der Universität Karlsruhe. Die Version LAURON IV, entwickelt im Jahr 2004, wiegt 27 Kilo. Er legt 13 Meter in einer Minute zurück, kann zehn Kilo Zusatzlast tragen und mit seinen Akkus 60 Minuten in Betrieb bleiben.

MEXIKANISCHE SPRINGBOHNEN

## » Warum springen sie?

Im Schaleninneren der Mexikanischen Springbohnen lebt die Raupe des Falters *Laspeyresia saltitans*. Diese Samen des in Mexiko weitverbreiteten Wolfsmilchgewächses schützen sie aber nicht etwa vor Kälte, sondern vor allem vor Wärme. Die Larve mag es nämlich kühl und schattig. Schon die Wärme einer bloßen Handfläche würde sie stören.

Nun ist das Klima in Mexiko nicht gerade winterlich. Wird es also in ihrer Behausung zu warm, bewegt sich die Raupe mitsamt ihrer Bohnenschale aus der Sonne, bis sie einen besseren Platz findet. Manchmal schlägt sie dabei aber so stark gegen die Innenwand, dass der Samen kleine Sprünge vollführt. Mehrere Monate lebt sie so im Inneren ihrer Bohne und frisst diese nach und nach von innen auf. Bevor sie sich verpuppt, baut sie noch eine Tür, ein Ausgangsloch in die Schale. So stellt sie sicher, dass ihr später als Falter auch der Weg nach draußen gelingt, denn sie weiß, als Falter wird sie keine Beißwerkzeuge mehr haben.

Forscher um David Hu an dem Georgia Institute of Technology in Atlanta haben einen Roboter nach dem Vorbild des Bewegungsmechanismus der Springbohne entwickelt. Dieser Roboter hat zwei Vorteile: Seine Hülle schützt die Roboterteile vor einer schädlichen Umgebung und das Rollen oder Springen erweist sich als effiziente Bewegungsart auch auf schwer begehbarem Boden.

KÄFER UND KAKERLAKEN

## » James Bonds ideale Partner in geheimer Mission

Sie wären die perfekten Partner für James Bond und Co.: die Insekten. Bestückt mit einer Kamera, einem Funkgerät oder anderen Hightech-Gerätschaften könnten sie Informationen beschaffen, an die der Mensch – und wäre er auch 007 – sonst nicht käme. Lautlos krabbeln sie unter Türen hindurch, sie gelangen ungesehen in entlegene Winkel. Insekten wären die perfekten Spione. Aber nicht nur das. Auch in Trümmern fänden sie Zugang zu Bereichen, in die kein Mensch mehr vordringt. Für Rettungstrupps wären sie effiziente Helfer.

Klingt unmöglich? Ist es nicht. Seit mindestens 20 Jahren arbeiten Forscher erfolgreich an ferngesteuerten Schmetterlingen, Bienen,

Käfern, Schaben und Fliegen. Mittels elektronischer Implantate im Nervensystem lässt sich zum Beispiel der afrikanische Rosenkäfer *Mecynorrhina torquata* fernsteuern. Mit seinen acht Gramm Körpergewicht trägt er zusätzlich eine Batterie, ein Funkgerät und dazugehöriges Material huckepack. Eine Kakerlakenart, die Madagaskar-Fauchschabe *Gromphadorhina portentosa*, die 8 cm lang wird – also von der Größe einer Maus – trägt mühelos eine kleine Kamera.

Forschern um den Kanadier Garnet Hertz gelang es auch, einen herkömmlichen Roboter durch die *Gromphadorhina*-Kakerlake zu kontrollieren. Sie läuft auf einem rollenden, aber sonst unbeweglichen Ball, durch dessen Drehung elektrische Signale entstehen. Die wiederum setzen einen größeren Roboter unter dem Ball in Bewegung.

ÜBERLEBENSKÜNSTLER

## » Würden Schaben eine Atomkatastrophe überleben?

Vermutlich ja. Und andere Insekten sind sogar noch resistenter gegen Radioaktivität als Schaben. Die Schabe *Periplaneta americana* überlebt bis zu sieben Mal mehr Radioaktivität als der Mensch, der Mehlkäfer *Tribolium confusum* sogar 20 Mal mehr, die Taufliege *Drosophila melonogaster* bis zu 60 Mal und die Wespe *Habrobracon juglandis* bis 200 Mal mehr.

Wie kommt das? Radioaktivität wirkt und schädigt den Körper vor allem während der Zellteilung. Die Zellen von Insekten teilen sich aber nur während ihrer Häutung – bei einer Schabe etwa wöchentlich. Daher wären viele Lebewesen von einer nuklearen Katastrophe erst viel später betroffen – oft sogar erst, wenn die Wirkung der Radioaktivität abgeklungen ist. Basierend auf diesem Wissen entwickelten Wissenschaftler um William Charlton in Texas ein System, das Radioaktivität in für Menschen unzugänglichen Gebieten misst. Mittels elektronischer Impulse steuerten sie Schaben, die sie zuvor mit Messgerät, Sender und Empfänger ausstatteten. So bleiben auch radioaktiv verseuchte Gegenden nicht mehr verschlossen.

FLIEGENDE SPÜRHUNDE

## » Bienen finden Schadstoffe und Landminen

Wenn wir an Bienen denken, fällt uns natürlich zuerst Honig ein. Doch für die Beschaffung seiner Rohstoffe sind die Bienen unter anderem auf ihren ausgeprägten Geruchssinn angewiesen. Und damit können sie noch viel mehr. Ihre einzigartige Spürnase hilft zum Beispiel Forschern beim Aufspüren von Schadstoffen.

1985 setzten Wissenschaftler um Jerry Bromenshenk an der Montana University erstmals Honigbienen zur großflächigen Suche nach Schadstoffen ein. Die Überlegungen der Forscher hatten zwei Gründe: einmal der fantastische Geruchssinn und zum anderen einen Urinstinkt der emsigen Honigsammler: Bienen kehren nach einem Ausflug immer zu ihrem Nest zurück. Das machte es für die Forscher einfach, sie im Anschluss an ihren Ausflug zu untersuchen. Sie setzten also eine große Zahl von Bienenstöcken innerhalb eines 7500 $km^2$ großen Gebiets aus. Die Bienen entfernten sich höchstens zwei Kilometer von ihrem Stock, sodass jedes Nest Daten über ein circa 12 $km^2$ großes Gebiet lieferte. Was die Bienen über Pollen, Nektar, Wasser und Luft aufgenommen hatten, wurde anschließend genau untersucht. Die Ergebnisse gaben Aufschluss über die Anteile von Arsen, Cadmium und Fluor in den gesammelten Pollen. Dieser «Dienst» der Bienen ist mittlerweile weltweit zu einem Standardtest zur Schadstoffermittlung geworden.

Bienen wagen sich für den Menschen auf noch weitaus gefährlichere Gebiete. Ihr Geruchssinn hilft bei der Suche nach Landminen.

Im Gegensatz zu Menschen können sie sich gefahrlos in verminten Gebieten bewegen. Die Forscher gewöhnen die Bienen wie Spürhunde mithilfe eines manipulierten Zuckersirups an den Geruch von TNT, 2.6-DNT oder Hexogen. Die Bienen erschnuppern sich dann den Weg zur Landmine. Über der betreffenden Stelle bilden die Tiere einen Pulk. Ein Abtasten mit Laserstrahlen aus der Luft zeigt schließlich die genaue Position der Minen an. Mit dieser Information kann man die Forscher die Minen gefahrlos entschärfen und so ein vermintes Gebiet wieder zugänglich machen.

NESTER AUS FEINSTEM STOFF

## » Wespen inspirierten die Erfindung von Papier

Eine Welt ohne Papier? Schwer vorstellbar. Bevor die Menschen auf Papier schrieben, dienten ihnen Bambus, das aufwendig hergestellte Papyrus im alten Ägypten oder sogar Seide als Schreibunterlage. Der Legende nach erfand der chinesische Eunuch Ts'ai Lun (ca. 50 bis 121 n. Chr.) das Papier. Wespen hatten ihn auf die richtige Idee gebracht. Als Material für ihre Nester benutzen sie zerkautes Holz. Sie vermischen es mit ihrem Speichel, geben dem Gemisch eine flache Form und lassen es trocknen. Ts'ai Lun tat es ihnen nach. Statt Holz verwendete Ts'ai Lun zermahlener Maulbeerbast, Bambusgras, Baumrinde und Lumpen. Statt Speichel verwendete er Kleister. Fertig war das erste Papier. Erst im 8. Jahrhundert erreichte dieses Wissen auch den Westen. Nach der bekannten Auflistung des US-Amerikaners Michael H. Hart rangiert der chinesische Erfinder Ts'ai Lun heute auf Platz 7 der Liste der hundert einflussreichsten Persönlichkeiten der Menschheitsgeschichte.

Doch jede Legende hat ihre Zweifler. Papierfunde in chinesischen Gräbern aus der Zeit zwischen 140 und 87 v. Chr. lassen vermuten, dass Ts'ai Lun sich eher um die Verbreitung einer bereits bekannten Technik verdient machte. Andere Historiker behaupten, dass erst der Franzose René de Réaumur im Jahr 1719 hinter den Wespentrick bei der Papierherstellung kam. Doch dies alles nimmt den Wespen nicht den Ruhm, die eigentlichen «Erfinder» zu sein.

ALLES ANDERE ALS BITTER

## » Die ruhmreiche Gallwespe

Der Begriff «Gallapfel» ruft bei den meisten wohl eher Assoziationen mit menschlichen Organen hervor. Dabei hat die Produzentin der Galläpfel so gar nichts mit unserer Galle gemein. Und doch profitiert der Mensch von der kleinasiatischen Gallwespe *Andricus gallae tinctoriae* und ihrem Gallapfel, wenn er Hautkrankheiten behandeln möchte.

Die Gallwespe legt ihre Eier an Blättern der Eiche *Quercus infectoria* ab. Der Gallapfel, den sie als Lagerplatz für ihre Eier braucht, entsteht dann, wenn sie dort ihre Eier legt. Damit verändert sie die Wachstumsmechanismen der Pflanze und es entsteht eine für die Entwicklung der Wespenlarve geeignete Wucherung – der Gallapfel. Er verfügt über einen 50- bis 70-prozentigen Anteil an Gerbsäure, die für ihre antimikrobielle, austrocknende und blutstillende Wirkung bekannt ist. Das macht ihn in der Volksheilkunde ungemein beliebt bei der Behandlung von Hautkrankheiten und Entzündungen. Aber nicht nur dort. Die Säure eignet sich auch hervorragend zum Gerben von Leder. Sie schützt nicht nur vor Mikroorganismen, sondern verbindet die Proteine des Leders so, dass das Material austrocknet und nicht im Wasser aufquillt.

Doch damit nicht genug. Seit ca. 4000 Jahren dienen Galläpfel auch zur Herstellung von Tinte. Durch die Reaktion der enthaltenen Wirkstoffe mit Eisensalzen entsteht eine tiefschwarze Tinte, die bis zum Ende des 19. Jahrhunderts in vielen Ländern für amtliche Dokumente vorgeschrieben war. Ihr Vorteil gegenüber herkömmlicher Tinte: Die Schrift ist, falls sie mit der Zeit verblasst, durch Auftragen einer Gerbsäurelösung wieder herstellbar. Bis heute wird sie bei Unterschriften von Staatsverträgen benutzt. Auch Farbstoffe für Leder und Haarcolorationen enthalten Gerbsäure. Das Volk der Aguaruna im Amazonasgebiet von Peru schmückt sich sogar mit Galläpfeln. An Ketten und anderem Schmuck wirken sie wie schwarze Perlen.

MEHR ALS NUR LEUCHTEN

## » Glühwürmchen gegen Biowaffen?

Sie sind Teil beinahe jeder sommerlich romantischen Filmszene. Wenn die Liebenden zur Abenddämmerung die Landschaft durchstreifen, flirren um sie herum unzählige kleine leuchtende Punkte: Glühwürmchen.

Was aber die wenigsten Anhänger solcher Szenen wissen, ist, warum Glühwürmchen leuchten, oder besser: glühen. Unerlässlich hierfür ist die Substanz ATP (Adenosintriphosphat), die nicht nur in den Zellen der Glühwürmchen, sondern in allen lebenden Zellen vorkommt. ATP ist ein universeller Treibstoff. Er entsteht durch die Verbrennung von Nahrung und dient so als Antrieb für alle Funktionen der Lebewesen. Dabei können Lebewesen auf ATP weitaus schneller zugreifen als auf Zucker oder Fett. Ein Organismus verwandelt Zucker und Fett langsam in ATP und gewinnt so einen effektiven und schnell zugänglichen Kraftstoff. Kurz: Aus Glühwürmchen gewonnene Stoffe leuchten in Anwesenheit von ATP, dienen als ATP-Nachweis und somit auch als Lebensnachweis.

In zahlreichen Bereichen der Industrie hat sich solch ein Nachweis von ATP so nahezu unentbehrlich gemacht. Dank dieses Nachweises lässt sich zum Beispiel Bakterienbefall in Lebensmitteln, Trinkwasser, Blutkonserven, medizinischen Geräten, Küchen, Supermärkten oder Raumfahrzeugen feststellen. Diese Methode eignet sich auch zur Ermittlung von Biowaffen wie Milzbranderregern. Die leuchtende Reaktion mit den Glühwürmchenstoffen Luciferin und Luciferase gilt als die schnellste Methode, biologische Keime zu entdecken. Selbst Leben auf anderen Planeten wäre so nachweisbar.

Mittlerweile existieren mehrere Methoden, die die Existenz von ATP zeigen. Doch keine Methode konnte bislang Glühwürmchen ersetzen.

MIT ODER OHNE GESUNDHEITSREFORM

## » Antibiotika aus dem Ameisenhaufen

Ganz gleich ob auf Bildern, im Fernsehen oder live – das Bild der Ameise, die huckepack ein großes segelförmiges Blatt trägt, ist allseits bekannt und auch beliebt. Schließlich hat der Anblick eines so kleinen Tieres, das ein großes Blattsegel auf dem Rücken durch den Urwald trägt, etwas Kurioses. Die Blattschneiderameise lebt vorwiegend in den Tropen und Subtropen. Ihre Eigenart des Blatttransports dient nicht der Nahrungsaufnahme und auch nicht dem Nestbau. Doch die Ameise nutzt die prächtigen Blattsegel als Düngemittel. Mithilfe dieser besonderen Blätter züchtet sie im Inneren ihres Nestes Pilze, ihr Hauptnahrungsmittel.

In so einem Ameisennest ist ziemlich was los. Einige Millionen Blattschneiderameisen teilen sich das traute Heim, das entspricht etwa der Biomasse einer ausgewachsenen Kuh. In ungefähr 40 Prozent aller Kammern eines Nestes werden die nahrhaften Pilze gezüchtet. Eine ganz bestimmte Kaste der Ameisen ist dort für die Pilzzucht zuständig. Sie zerkleinern und zerkauen die Blätter und reinigen sie von Sporen fremder Pilzarten.

Im Jahr 1999 entdeckten panamesisch-kanadische Forscher um Cameron Currie einen natürlichen Feind der für die Ameisen lebenswichtigen Pilze: ein Schlauchpilz der Gattung *Escovopsis*, ein Parasit, der in den Zuchtanlagen der Ameisen großen Schaden anrichten kann. Doch einige Ameisen tragen auf ihrer Haut Bakterien der Gattung *Streptomyces* – ihrerseits unerbittliche Feinde der gefährlichen *Escovopsis*-Pilze. Diese *Streptomyces*-Bakterien geben zudem Vitamine und Aminosäuren ab, die den von den Ameisen angebauten Zuchtpilzen als Nahrung dienen. Darüberhinaus bekämpfen die *Streptomyces* auch für die Ameisen gefähliche Bakterien, und zwar mit Antibiotika die auch für uns Menschen nützlich sind: Streptomycin, Tetracyclin, Chloromycetin und Actinomycin.

Und ganz nebenbei: Gründet eine frisch befruchtete Königin einen neuen Ameisenstaat, so trägt sie stets zwei wichtige Dinge im Gepäck: erstens eine kleine Menge Pilze zum Anbauen und zweitens eine Ladung *Streptomyces*-Bakterien – als Apotheke sozusagen.

MADENMEDIZIN

## » Fliegenlarven als Helfer in der Medizin

Im Ersten Weltkrieg lag die Sterberate von Soldaten mit offenen Wunden bei 75–80 %. Der Chrirurg William Baer, der als Feldarzt in Frankreich tätig war, berichtete über Soldaten, die tagelang auf dem Schlachtfeld unbehandelt gelegen hatten und deren Wunden stark von Fliegenlarven (Maden) befallen waren. Nachdem Baer die Maden entfernt hatte, stellte er fest, dass die Wunden sauber waren und schnell heilten. Aufgrund dieser Beobachtungen behandelte William

Baer 21 verwundete Patienten mit Maden auf ihren Wunden und konnte nach einigen Wochen alle 21 Patienten als geheilt entlassen.

Schon beim Volk der Maya war diese Form der Therapie bekannt. Man tränkte Tücher mit Tierblut und wartete, bis Fliegen Eier darauflegten. Nach dem Anbinden des Tuchs an eine Wunde, die Eier Richtung Wunde gekehrt, heilte die Wunde durch das Schlüpfen der Maden aus den Eiern schnell aus. Traditionell wurden auch in anderen Regionen der Erde Maden für die Behandlung von Wunden bei Tieren eingesetzt, z. B. bei den Ngemba, einen Stamm von australischen Aborigines, und bei Völkern im nördlichen Burma und der chinesischen Provinz Yunan. Genauere Forschungen zeigten übrigens, dass es in unserem kulturellen Raum Ärzte gab, die sich lange vor dem Bericht von William Baer der Fliegenlarven bedienten. So der Feldarzt Dominique-Jean Larrey während des Nahost-Feldzugs von Napoleon (1798–1801) und der Chirurg John Forney Zacharias im nordamerikanischen Bürgerkrieg (1861–1865).

Der Erfolg dieser Behandlung beruht darauf, dass bestimmte Fliegenlarven nur totes Gewebe fressen und das gesunde Fleisch nicht zerstören. Ein typisches Beispiel ist die Larve der Goldfliege *Lucilia sericata*. Jede andere Methode, wie die Benutzung eines Skalpells zum Reinigen der Wunde oder das Auftragen von Enzymen, ist dem Vorgehen mit Fliegenmaden in dieser Hinsicht unterlegen. Die Maden erzeugen allerdings ein Kribbeln oder Jucken, das aber im Allgemeinen für den Patienten erträglich ist, notfalls mithilfe eines leichten Schmerzmittels. Eine ausführliche Studie im Jahr 2007 durch britische und US-amerikanische Wissenschaftler um Iain Whitaker bestätigte beim Vergleich mit Alternativen die Überlegenheit dieser Methode.

Hinzu kommt, dass die Larven die Wunde desinfizieren. Beim Fressen entfernen sie Bakterien und geben antibiotisch wirksame Substanzen ab, um sich selbst vor noch lebenden Bakterien zu schützen, wie Allantoin, Harnstoff, Phenylessigsäure, Phenylacetaldehyd und Kalziumkarbonat. Darüber hinaus scheiden die Maden Ammoniakderivate aus, die den pH-Wert auf ein für die Bakterien ungünstiges Niveau erhöhen und damit auch antibiotikaresistente Bakterien abtöten. Die von den Maden ausgeschiedenen Substanzen regen schließlich die Bewegung von Zellen aus dem Bindegewebe des Patienten zur Wunde hin an, was die Heilung fördert.

Die Fliegen und ihre Maden, die zu therapeutischen Zwecken eingesetzt werden, müssen natürlich unter sterilen Bedingungen gezüchtet werden, damit keine zusätzlichen Keime in die Wunde gelangen. Als in den 1930er-Jahren sterile Fliegenmaden weltweit eingesetzt wurden, lieferte die Firma Lederle diese Maden in circa hundert Spitäler in den USA. Daraufhin wurden zwischen 1930 und 1940 über hundert wissenschaftliche Publikationen zum Thema Madentherapie veröffentlicht. 1995 wurde in Wales die erste europäische Produktionsstätte für Goldfliegenmaden aufgebaut. Heutzutage benutzen über 4000 Ärtzte in aller Welt dieses Heilverfahren. Allein im Jahr 2006 wurden weltweit über 50.000 erfolgreiche Maden-Einsätze von Ärzten durchgeführt.

Im Detail läuft das Produktions- und Anwendungsverfahren folgendermaßen ab. Eine Fliege legt innerhalb von drei Wochen 2000 bis 3000 Eier. Nach einem Tag schlüpfen 1–2 mm große Maden, die innerhalb von 3 bis 6 Tagen auf etwa ein Zentimeter Größe heranwachsen. Die Wundbehandlung erfolgt zwischen dem zweiten und dem sechsten Tag der Madenentwicklung. Dann werden fünf bis acht Maden pro Quadratzentimeter, ca. 3 Tage lang auf die Wunde gelegt. Um die Wunde wird dabei ein «Wall» aus Hydrokolloidpaste gelegt, damit die Maden nicht entweichen. Auf die so behandelte Wunde kommt ein Käfig aus Gaze, um dem Patienten und anderen den Anblick zu ersparen.

Die Methode wird heute u. a. bei diabetischen Hautgeschwüren, bei *Dekubitus* (Wundliegegeschwüren), bei *Ulcus cruris* (Unterschenkelgeschwür oder «offenes Bein»), bei Wunden nach Operationen, sowie bei Verbrennungen und infektiösen Entzündungen von Knochen, die nach einem Bruch nach außen dringen, angewandt. Häufig kann eine rechtzeitige Behandlung mit Maden eine Amputation verhindern. Darüber hinaus wirken bei gewissen Tumorarten die Maden schmerzlindernd. In einigen Fällen kann man sie sogar zum Entfernen eines Tumors einsetzen, da sie anderes Gewebe verschonen.

Aber Vorsicht: Es müssen die richtigen Maden sein. Die Maden der Neuwelt-Schraubenwurmfliege zum Beispiel bohren sich in gesundes Gewebe und rufen Myasis, die «Fliegenkrankheit», hervor.

SCHÄDLINGE IM DIENSTE DER MENSCHHEIT

## » Anopheles-Mücken gegen Syphilis?

Es klingt heute vielleicht unethisch oder medizinisch zweifelhaft, denn hier bekämpft ein Übel das andere: Die Anopheles-Mücke überträgt Malaria, die ihrerseits die Syphilis ausschaltet – kleineres Übel, verglichen mit fortgeschrittener Syphilis. Diese Erkenntnis brachte dem österreichischen Arzt Julius Wagner-Jauregg im Jahr 1927 den Nobelpreis für Medizin ein.

Bis zur Entdeckung des Penicillins in den 1940er-Jahren galt ein Spätstadium von Syphilis, die im Nervensystem verankerte sogenannte *Neurolues*, aufgrund der auftretenden progressiven Lähmungen und Demenz, als grausames Todesurteil. 25 % bis 30 % der an Syphilis erkrankten Menschen gerieten in ein solches Stadium und machten circa 20 % der psychiatrischen Anstaltsinsassen aus. Julius Wagner-Jauregg fiel auf, dass Patienten, die an irgendeiner anderen fieberhaften Erkrankung gelitten hatten, vom Fortschreiten der Syphilis weniger betroffen waren. 1917 kam er auf die Idee, Blut von Malariainfizierten in Patienten, die hoffnungslos an Syphilis litten, zu spritzen, um ein besonders hohes Fieber zu erzeugen. Er beobachtete, dass die Syphiliserreger eine Körpertemperatur über 40 °C nicht überleben. Da die Injektion von Blut auch andere Krankheitserreger übertragen kann, ließ man später Malaria übertragende, doch ansonsten steril gezüchtete Mücken die Patienten stechen. Allein am englischen *Horton Malaria Laboratory* wurden Millionen Mücken für diesen Zweck gezüchtet.

Die von Syphilis geheilten, doch mit Malaria infizierten Patienten konnten mit Chinin oder Chloroquin behandelt werden, eine Therapie, die zwar Nebenwirkungen hat und lebenslänglich dauern kann, jedoch ein Segen ist, verglichen mit *Neurolues*.

WAS GEHT IM KOPF?

## » Die Schwarze Witwe hilft, Autismus zu verstehen

Eine bewährte Methode, wichtige chemische Bindungsstellen in unserem Nervensystem zu entdecken, ist die Verabreichung einer harmlos kleinen Menge eines radioaktiv markierten Giftes. Danach kann man durch Lokalisierung der Radioaktivität feststellen, wo das Gift gebunden wird. Um diese Methode zu verstehen, bedenke man, dass es die Bindung an einer lebenswichtigen Stelle ist, die das Gift zum Gift macht. Man hat zu diesem Zweck mit Erfolg Skorpionen- und Schlangengifte eingesetzt. Mit Spinnengiften hatte man lange Zeit Schwierigkeiten. Sie geben beim «Melken» zu wenig Gift ab. Die giftige Aussscheidung einer Spinne besteht nämlich aus einem Gemisch aus Hunderten verschiedenen Substanzen, von denen tatsächlich aber nur eine wirksam ist. Genau die muss für diese Untersuchungen isoliert werden. Erst 1990 hatten die Moskauer Forscher Alexander Petrenko und Juiri Uschkarjow genug Schwarze Witwen in Zentralasien fangen können, um das Verfahren mit dem Gift dieser Spinnen durchzuführen. Sie fanden, dass sich das Gift an bestimmte im Gehirn vorkommende Proteine, den Neurexinen, bindet. Weitere Untersuchungen ergaben, dass diese Proteine an bestimmten Kontaktstellen zwischen Nervenfasern, den sogenannten Synapsen, für die Übertragung von Signalen zwischen diesen Fasern sorgen. Um sich die Bedeutung dieser Entdeckung vor Augen zu führen, muss man berücksichtigen, dass es im Gehirn etwa hundert Milliarden Nervenzellen gibt, von denen jede Zelle an durchnittlich tausend Kontaktstellen mit anderen verknüpft ist. Sind solche Kontakstellen gestört, so kommt es zu anormalem Verhalten.

Dass Neuroxine mit Autismus zusammenhängen könnten, wurde zunächst als Vermutung im Jahr 2003 durch Huda Zoghbi in Houston, Texas, geäußert und dann in der internationalen Organisation «Autism Genome Project» (AGP) bestätigt. In dieser Organisation arbeiten 120 Wissenschaftler aus 19 Ländern. Inzwischen gilt es als erwiesen, dass bei Autisten eine Störung der Gene, die die Synthese von Neurexinen steuern, auftritt. Weitere Untersuchungen ergaben, dass bei autistischen Personen bestimmte Bereiche des Gehirns in ungewöhnlicher Weise miteinander durch die besagten Neuroxine verbunden sind, und zwar Bereiche, die für interpretierendes Denken zuständig sind, sowie solche, die detailorientiert sind. Diese im Gehirn beobachteten Abweichungen von der Norm stehen in Einklang mit den Eigenschaften der Autisten, komplexe Dinge detailliert auswendig lernen zu können, jedoch z. B. die Pointe eines Witzes oft nicht zu verstehen. Im Jahr 2009 erfuhr man, dass man der Schwarzen Witwe noch mehr verdankt: Man fand durch Bindung des Giftes Neurexine nicht nur im Gehirn, sondern auch an den Wänden von Blutgefäßen. Sie sind dort an der Bildung von neuen Blutgefäßverzweigungen maßgeblich beteiligt. Wenn man bedenkt, dass ohne solche Gefäßverzweigungen, angeregt durch einen Stoff der von einem Krebstumor produziert wird, dieser Tumor nicht wachsen kann, versteht man die Bedeutung dieser Entdeckung.

BEISSEN STATT NÄHEN

## » Ameisen seit dreitausend Jahren in der Chirurgie

Die Soldaten der Weberameisen halten beim Nestbau mit ihren Kiefern gebogene Blätter stark fest, während die Blätter mit Seide zusammengeflickt werden. Packt man eine solche Soldatenameise an ihrem Brustkorb und benutzt ihre Kiefer sozusagen als Heftklammer, so hält sie so fest, dass man ihren Körper abtrennen kann, ohne dass sich die Kiefer öffnen. Aufgrund dieser Beobachtung benutzt man sie seit 3000 Jahren zur Wundschließung und bei chirurgischen Eingriffen hauptsächlich zum «Nähen» von geöffneten Organen. Ein zusätzlicher Vorteil besteht dabei darin, dass die Ameisen keimtötende Substanzen aus Drüsen in Kopfnähe ausscheiden.

Die ersten Berichte über diese Methode stammen aus dem 10. Jahrhundert v. Chr. von Atharva-Veda Samhita aus Indien. Weltweit folgten andere Berichte, z. B. von arabischen Ärzten im mittelalterlichen Spanien und von Gabriel Fallopio, Padua, aus dem Jahre 1569. Heute noch wird diese Methode von Eingeborenen in den Tropen Süd- und Mittelamerikas zur Behandlung von Wunden angewendet.

In Asien und Australien haben sich Weberameisen der Art *Oecophylla smaragdina*, in Afrika und Asien Wanderameisen der Gattung *Dorylus* und in Amerika die sogenannten Armeeameisen *Eciton burchelli* und *Eciton hamatum* besonders zum Schließen von Wunden bewährt. In Algerien verwenden traditionelle Heiler nicht Ameisen, sondern den Käfer der Gattung *Scarites pyraomon*, bei uns bekannt als Riesen-Fingerkäfer.

PERFEKT SYNCHRONISIERT

# » Gleichtakt bei Insekten inspiriert die Menstruationsforschung

Die Synchronisation, also der selbst organisierte Gleichschritt von zwei oder mehr Lebewesen oder Dingen ist ein häufig auftretendes Phänomen in der Biologie und der Physik. Ein faszinierender Bericht hierüber geht auf den niederländischen Physiker Christian Huygens zurück. Im Winter 1665 starrte er längere Zeit auf eine Wand und bemerkte, dass die Pendel zweier nahe beieinanderhängender Uhren sich völlig im Takt bewegten. Nachdem er sie durch eine Störung aus dem Takt brachte, kehrten sie nach einiger Zeit zum Gleichtakt zurück. Dann hängte er die Uhren in getrennte Zimmer und beobachtete, dass sie nach und nach aus ihrem gemeinsamen Takt kamen, und innerhalb eines Tages verzögerte sich eine Uhr um mehrere Minuten gegenüber der anderen. Offenbar führten, bei benachbarten Uhren, kleinste Schwingungen der Wand zu ihrem Gleichtakt.

Mittlerweile untersucht man dieses Phänomen in allen Bereichen der Natur. Beispiele sind die Tausenden von Schrittmacherzellen im Herzen, die Menstruationen von Frauen, die eng zusammenleben, das Zirpen mancher Arten von Grillen und Laubheuschrecken sowie das Leuchten bestimmter Glühwürmchenarten in Ostasien. Der holländische Arzt Engelbert Kaempfer berichtete über Glühwürmchen im Jahr 1680: «… eine feurige Wolke von Insekten nimmt Besitz von einem Baum, zeigt ihr starkes Licht und versteckt es plötzlich, um es dann wieder zu zeigen … immer wieder mit größter Regelmäßigkeit …» In den 1970er-Jahren widmete sich das Biologenehepaar Elisabeth und John Buck mit großer Leidenschaft den Glühwürmchen und nahm sogar diese Insekten mit in ihr Hotel in Bangkok, um auch dort zu beobachten, wie sie nach einer gewissen Zeit einen gemeinsamen Takt fanden. Es handelt sich allerdings bei diesen «Würmchen» eigentlich um Käfer. Die Käfer bleiben über viele Generationen ihrem Baum treu. Reisende auf den Flüssen in Malaysia nutzen die stark leuchtenden Bäume als Leuchttürme.

Was ist der biologische Sinn dieses Gleichschritts? Da es sich bei den leuchtenden oder zirpenden Tieren um Männchen handelt, erzeugen diese, so vermutet man, kooperativ ein starkes Signal, um Weibchen aus der Ferne anzulocken. Zum anderen können die Weibchen, anhand der Periode des Signals (je nach Art Bruchteile von Sekunden bis einigen Sekunden), feststellen, ob es sich um ihre eigene Art handelt.

Und wie funktioniert die Synchronisation? Die US-amerikanischen Forscher Renato Mirollo und Steven Strogatz haben einen Mechanismus entdeckt: Ein Signal (Zirpen oder Leuchten) wird erzeugt, wenn eine biochemische Substanz im Inneren des Insekts anwächst und einen bestimmten Schwellenwert überschreitet. Das Signal von einem Insekt A zu einem später leuchtenden Insekt B beschleunigt die Entstehung der auslösenden Substanz von B, sodass sich das Signal von B dem Signal von A nach und nach immer mehr annähert.

Die Untersuchungen über die Synchronisation von Insekten regten die Forschung über den Mechanismus des Gleichtaktes der Menstruation eng zusammenlebender Frauen an. Dabei entdeckten 1998 die Physiologinnen Kathleen Stern und Martha McClintock (University of Chicago) die Natur des Signals zwischen den Frauen: ein geruchloser Stoff aus ihren Achselhöhlen. Die Entdeckung eines geruchlosen menschlichen Pheromons war eine Sensation und regt auch zu nicht akademischem Nachdenken an.

ALARMSTUFE ROT

# » Wespen und Milben eilen zur Hilfe, wenn Pflanzen rufen

Im Jahr 1988 entdeckten Dicke und Sabelis, dass Limabohnen, die von Spinnmilben angefressen werden, flüchtige Substanzen freisetzen, die eine andere, räuberische Milbenart anlocken, die ihrerseits die Spinnmilben vertilgt.

Eine Vielzahl von Untersuchungen ergab unter anderem, dass Pflanzen, die durch Schmetterlingsraupen angefressen werden, Terpene und Sesquiterpene erzeugen. Diese flüchtigen Stoffe werden in der gesamten Pflanze nach dem Fraßbefall erzeugt und über mehrere Stunden, manchmal auch tagelang, abgegeben, um weibliche Schlupfwespen anzulocken. Sind die Wespen an der Pflanze angekommen, nutzen sie zur genaueren Ortung ihrer Beute den Duft von weniger flüchtigen Stoffen aus dem Kot der Raupen. So finden sie ihre Opfer, lähmen sie und legen darin ihre Eier ab. Den Kotgeruch kennen sie aus Erfahrung, da sie ja auch als Larve in einer Raupe gelebt haben.

Man nutzt dieses Phänomen bei der biologischen Schädlingsbekämpfung. Dafür müssen die Wespen allerdings in ihrer natürlichen Umgebung gezüchtet werden, wenn die Geruchserkennung später funktionieren soll. Denn man fand heraus, dass Wespen, die in Plastikbehältern gezüchtet wurden, später den Geruch von Plastik und nicht von Kot als Hinweis für ihre Beute deuteten.

DIE RICHTIGE TIMES MUSS ES SEIN

## » Wie ein einfaches Papiertuch nützliche Insekten gerettet hat

Im Jahr 1966 machten der tschechische Biologe Karel Slama und sein Kollege Carroll Williams an der Harvard Universität eine merkwürdige Entdeckung. Feuerwanzen *Pyrrhocoris apterus*, die vorher zehn Jahre lang in der Tschechei erfolgreich gezüchtet wurden, wuchsen in den USA mit Missbildungen auf und erlitten einen frühzeitigen Tod. Das Rätsel wurde erst gelöst, als man die Feuerwanzen in den USA auf Papiertüchern englischer Herkunft züchtete. Dabei verlief die Entwicklung der Wanzen normal. Es mag tatsächlich surreal amuten: Ersetzte man die Tücher durch ein Stück aus der *New York Times*, dann war die tödliche Wirkung sogar noch stärker, mit der *London Times* dagegen wuchsen die Wanzen normal auf. Man nannte dies den «Papierfaktor».

Weitere Untersuchungen von Slama und Williams ergaben, dass das verwendete nordamerikanische Papier aus der Balsamfichte hergestellt wurde und dass dieser Baum eine Substanz – später Jubavion genannt – enthält, das auch Insekten als sogenanntes Juvenilhormon produzieren. Dieses Hormon steuert die Entwicklung der Insekten. Man beobachtet dabei allerdings ein verblüffendes Phänomen: Während die Larven der Insekten dieses Hormon unbedingt brauchen, ist es während des Puppenstadiums schädlich und seine Produktion wird deshalb vom Insektenorganismus abgestellt. Außen zugeführtes Juvenilhormon, zum Beispiel aus einem Papiertuch, wirkt sich dann missbildend aus. Später fand man bei Zuführung des Juvenilhormons während des Puppenstadiums bei Käfern neben Missbildungen auch Verhaltensstörungen. Kartoffelkäfer zum Beispiel begruben sich mitten im Sommer, um ihre Winterruhe anzutreten.

Nach weiteren Untersuchungen gab es eine gute Nachricht für die Ökologen: Jedes Insekt hat sein eigenes Juvenilhormon. Dies bedeutet, dass man mit einem Juvenilhormon einen bestimmten Schädling töten und dabei alle anderen Insekten verschonen kann. Die zweite gute Nachricht war, dass es undenkbar ist, dass die Insekten resistent gegen ein solches Hormon werden können, da sie sich ohne dieses nicht entwickeln können. Resistenz käme also einem Selbstmord gleich. Die dritte gute Nachricht war, dass es Pflanzen gibt, die diese Hormone produzieren, vermutlich um sich gegen schädliche Insekten zu schützen, sodass man die Hormone aus diesen Pflanzen gewinnen kann. Neben der Balsamfichte fand man später viele Pflanzen dieser Art. Neuerdings hat man auch Analoga dieser Hormone synthetisieren können. Nach all diesen guten Nachrichten fing man an, die pflanzlichen Hormone bzw. ihre Analoga bei der Bekämpfung von Schädlingen zu verwenden, und zwar ohne dass – wie bei Insektiziden wie DDT – nützliche Tiere angegriffen werden.

Leider wirkt das Juvenilhormon nur im Puppenstadium. Im vorhergehenden Larvenstadium hat das Insekt genug Gelegenheit, die Ernte anzugreifen. Man hat dieses Problem wie folgt gelöst: Hatte man das Juvenilhormon einmal im Labor, so war es möglich, nach einem Hemmstoff dieses Hormons zu suchen. Dieser Hemmstoff greift den Schädling schon als gefräßige Larve an, weil es seine Entwicklung stört. Zu diesem Ergebnis wäre man aber ohne den ersten Schritten dieser Forschungen mit dem zunächst rätselhaften «Papierfaktor» nie gekommen.

EIN KONTINENT ERSTICKT IN KOT

## » Heilige Käfer retten Australien

Die alten Ägypter hatten viele «Beweise», dass es sich bei den Kotkäfern um heilige Wesen handelt. Sie sahen eine Verbindung vom Verhalten des Käfers, eine Kugel aus Dung vor sich herzurollen, zu dem

Gott Re, der mit seiner Barke den Himmel mit der Sonne durchquert. Die Sonne wiederum galt damals wie noch heute als Spenderin des Lebens auf der Erde. Zum anderen «offenbarte» sich dieser Käfer als Symbol der Schöpfung des Lebens, da man die neugeborenen Tiere aus den Dungkugeln herauskriechen sah, also «aus dem Nichts» bzw. aus Fäkalien, ohne dass jemand gesehen hätte, wie der Käfer sein Ei dorthinein gelegt hatte. Wer die Entwicklung des Käfers genauer beobachtete, konnte noch einen weiteren «Beweis» anführen: Die Puppe des Käfers sieht mit ihren unbeweglichen Beinen und Flügeln aus wie eine traditionell gewickelte Mumie. Zudem beobachteten sie, dass die Kammer mit den Gängen, in denen die Kotkugeln aufbewahrt wurden, dem Aufbau altägyptischer Gräber ähnlich war.

Es kommt also nicht von ungefähr und lässt sich bis in unsere Tage nachverfolgen, dass man diesen Käfer sogar weltweit, wenn nicht als Gottheit, so doch als extrem segensreich für die Menschheit betrachtet. Ohne ihn würden sich die Ausscheidungen der Säuger so anhäufen, dass Pflanzen und Tiere ersticken würden. Durch ihre segensreiche Tätigkeit düngen und durchlüften die Käfer zudem den Boden, und sie wirken dadurch, dass sie den Kot aus dem Weg räumen, der Verbreitung von Krankheitsüberträgern entgegen, so etwa von Fliegen, die sich im Kot vermehren.

All dieses veranlasste die australische Regierung in den 1970er- und 1980er-Jahren, 23 Arten von Käfern in Australien einzuführen, um einer bedrohlichen Ansammlung von Viehkot und der damit zusammenhängenden Vermehrung von Fliegen Herr zu werden. Um 1800 hatten Siedler Rinder nach Australien mitgebracht. Sie vermehrten sich schnell. Insbesondere die Käferarten *Onthophagus gazella* und *Euoniticellus intermedius* machten sich darin verdient, einen ganzen Kontinent zu säubern. Seit dem Jahr 2010 bemüht man sich, die australische Käfergroßaktion auch in Neuseeland durchzuführen. Auch dieses Land muss sich etwas einfallen lassen, um des Viehkots Herr zu werden.

Doch damit nicht genug des Segens: Aus Dung entsteht Disticktoffoxid $N_2O$. $N_2O$ gilt als das Gas, das für die Vergrößerung des Ozonlochs am meisten verantwortlich ist. $N_2O$ ist zudem stark am Treibhauseffekt, und damit an der globalen Erwärmung, beteiligt. Dabei ist der Beitrag dieses Gases circa 200-mal größer als der von $CO_2$. Die Kotkäfer vermindern die Entstehung von $N_2O$ dadurch, dass sie Kot fressen bzw. vergraben.

Auch das «Privatleben» der Kotkäfer ist faszinierend, besonders was das Verhalten der Weibchen angeht. Da gibt es zum Beispiel die Art *Kheper platynotus*. Bei dieser Art wählt das Weibchen ein Männchen. Der Auserwählte formt eine Kugel und trägt seine Liebste auf dieser Kugel ins gemeinsame unterirdische Domizil. Etwas weniger bequem machen es sich die Weibchen des *Scarabeus sacer*. Sie krabbeln einige Zentimeter hinter dem Männchen her, während das Männchen die ganze Rollarbeit macht. Bei der Art *Gymnopleurus laevicollis* hat sich bereits die Gleichberechtigung durchgesetzt, denn bei dieser Art beteiligen sich beide am Transport der Kugel – das Weibchen klammert sich davor und zieht, während das Männchen hinten schiebt. Und dann gibt es auch noch superfleißige emanzipierte Damen, nämlich die Weibchen von *Kheper aegyptiorum*. Sie schälen die Kugel nicht nur herauss, sondern schieben sie auch allein und begraben sie. Der erste Platz aber gebührt uneingeschränkt dem Männchen von *Onthophagus taurus*. Er ist ein wahrer «Muskelprotz» und – zumindest wie bislang bekannt – das stärkste Insekt der Welt. Ohne jede Hilfe schafft er es, allein eine Kugel zu schieben, die 1141-mal schwerer ist, als er selbst.

Doch unabhängig von der Art und Weise, mit der die Kotkugel gebildet, geschoben oder begraben wird – die Paarung findet nach dem Eingraben der Kugel statt und in der Regel wird ein Ei in in die Kugel gelegt. Die Larve kann sich dann, geschützt vor Feinden, wie Vögeln, kleinen Säugetieren oder anderen Insekten, vom Kot ernähren und zum erwachsenen Käfer entwickeln. Bis ins 19. Jahrhundert glaubte man noch, dass Kotkäfer gelegentlich ein soziales Verhalten zeigen, da manchmal mehr als zwei Käfer am Schieben der Kugel beteiligt sind. Der Insektenforscher Jean Henri Fabre stellte aber durch seine Beobachtungen fest, dass hinter dieser «Hilfsbereitschaft» ein knallharter Plan steht: Wenn die Gelegenheit günstig ist, kann sich einer der Kugel bemächtigen. Nach einem solchen Diebstahl kommt es zu erbitterten Kämpfen, wobei ein Käfer über zehn Zentimeter weit von der Kugel abgeworfen werden kann.

MASSENAUFTRITT

## » Primzahl-Zikaden unterstützen die Zahlentheorie

Als Bob Dylan 1970 die Ehrendoktorwürde der Universität Princeton verliehen werden sollte, wurde die Zeremonie durch das Auftreten von Millionen Zikaden unterbrochen. Dies inspirierte Dylan zu seinem Lied «The Day of the Locusts» («Der Tag der Heuschrecken»). Offensichtlich ist Dylan kein Insektenkenner, denn es handelte sich nicht um Heuschrecken, sondern um Zikaden, nämlich der Art *Magicicada septendecim* oder der etwas kleineren Art *Magicicada cassini*. 1987 wiederholte sich das Ereignis am gleichen Ort und dann wieder 17 Jahre später. Dieses Phänomen tritt in 16 Bundesstaaten im Nordosten der USA auf. In südlicheren Regionen gibt es in 12 Staaten ein ähnliches Phänomen, doch die Zeitintervalle dort betragen nicht 17, sondern 13 Jahre. Die ersten Berichte dieser Ereignisse stammen von europäischen Siedlern der USA am Anfang des 17. Jahrhunderts. Nach allen Berichten wurden diese Zeitintervalle eingehalten und lagen dabei höchstens eine Woche daneben.

Diese Zikaden verbringen die meiste Zeit ihres Lebens als Larven unter der Erde und ernähren sich dort von Wurzelsaft. Sind die 17 bzw. 13 Jahre um, dann kriechen sie aus dem Boden. Sie verwandeln sich in zirpende Insekten, paaren sich, legen Eier in den Boden und sterben, alles in nur wenigen Wochen. Dabei beobachtet man bis zu 300 Tiere pro Quadratmeter auf, die etwa so laut sind wie ein Rasenmäher, und zwar Tag und Nacht. Für einige Menschen ist es ein Grund zur Freude, nämlich für Gourmets, die Zikaden schätzen. Auch Katzen genießen sie als Leckerbissen. Für die meistens ist die Zikadeninvasion jedoch äußerst lästig, nicht nur wegen des Krachs, sondern weil viele Wege freigekehrt werden müssen.

Doch wie kommt es zu diesen 13- bzw. 17-jährigen Rhythmen? Man erklärt sie mit Räuber-Beute-Beziehungen. Wäre der Zikadenzyklus beispielsweise zwölf Jahre lang, so könnten die Zikaden von allen Räubern gefressen werden, die alle 1, 2, 3, 4, 6 und 12 Jahre erscheinen. Entsteht durch eine Mutation ein Zyklus von 13 Jahren, so sind nur noch die Arten, die jedes Jahr oder alle 13 Jahre auftreten, Fressfeinde. Zykluslängen in der Höhe von Primzahlen, also von Zahlen, die nur durch sich selbst und durch eins teilbar sind, haben also handfeste Vorteile. Die nächstgrößere Primzahl nach der 13 ist die 17, also genau die andere bei Zikaden vorkommende Zykluslänge. Über die Feinde – parasitäre Wespen und auch Pilze, die die Zikadeneier befallen – kann man nur spekulieren. Vermutlich sind sie ausgestorben, während sich die Zikaden durchgesetzt haben.

Vom Wissen über die Entwicklung der Zikaden profitierte ein Zweig der Mathematik, nämlich die sogenannte Zahlentheorie. Denn nach dem Vorbild dieser Insekten entwickelte der Autor dieses Buchs ein relativ einfaches Computerprogramm, das ihre Räuber-Beute-Beziehungen sowie Mutationen enthält. Beginnt man die Berechnungen nicht mit einer Zykluslänge von 12, wie im Beispiel oben, sondern mit einer Zahl, die an die Grenzen der Rechenkapazität reicht, so erhält man sehr große Primzahlen, die man sonst nur mit aufwendigeren Methoden erhält und die zahlentheoretisch von Bedeutung sind.

SCHON PROBIERT?

# » Insekten als Nahrungsmittel

Der Abneigung vieler Menschen gegenüber dem Verzehr von Insekten könnte man viele Argumente entgegensetzen: Als Erstes wäre hier der Nährwert zu nennen. Insekten sind reich an Proteinen – der Anteil beträgt 13 % bis 20 %, also vergleichbar mit dem von Hühnereiern oder Fisch – und nur wenige Arten haben größere Fettanteile. Außerdem enthalten Insekten alle essenziellen Aminosäuren. Im südlichen Afrika stellt der Konsum von *Mopane* (Raupe des Nachtfalters *Gonimbrasia belina*) eine Eiweißquelle für Millionen Menschen dar.

Ein weiteres Argument wäre, dass Rinderzucht für ein Fünftel der Treibhausgase verantwortlich ist und die Insekten nur für 1 %. Darüber hinaus wird 20 % bis 30 % der von den Insekten aufgenommenen Nahrung in für Menschen wertvolle Nahrung umgewandelt. Bei Rindfleisch liegt diese Umwandlungsrate nur bei 5 % bis 20 %. Die Effizienz des Verzehrs von Insekten geht einher mit unzähligen Traditionen und wirtschaftlichen Unternehmen.

In einer Darstellung eines Festmahls ca. 700 v. Chr. in Mesopotamien werden Heuschrecken als Delikatesse abgebildet, eine durchaus intelligente Antwort auf die in der Bibel beschriebenen Heuschreckenplagen. Altrömische Feinschmecker erfreuten sich der Larven des Hirschkäfers, den sie *Cossus* nannten. Manche heutigen Europäer wundern sich, wenn sie erfahren, dass in Deutschland und Frankreich noch bis circa 1950 Maikäfersuppe gegessen wurde. Ein weiteres Beispiel ist der auch heutzutage noch geschätzte Käse *Casu Marzu* aus Sardinien, der durch Larven der Fliege *Piophila casei* reift. Man denke auch an den *Würschwitz*-Milbenkäse aus Sachsen-Anhalt.

In Mexiko sind *Chapulines*, geröstete Grashüpfer verschiedener Gattungen, von der Speisekarte nicht wegzudenken. Das Gleiche gilt für *Escamoles*, die als «Mexikanischer Kaviar» bezeichnet werden und aus den Larven von Ameisen der Gattung *Liometopum* bestehen. Auf Bali gehört es zur Tradition, dass Kinder scharenweise mit harzbeschmierten Stöcken losziehen, um Libellen zu sammeln, die daran kleben bleiben. Abgesehen von den Flügeln sind Libellen eine Delikatesse. Japaner schätzen gekochte Wespenlarven (*hachi-no-ko*), frittierte Zikaden (*semi*), vor allem jedoch die nach Garnelen schmeckenden, aus Süßwasser gefischten Larven von Köcherfliegen (*zaza-mushi*). Ein professioneller *zaza-mushi*-Fischer sammelt bis zu sechs Kilo Larven an einem Tag und verkauft sie für umgerechnet 20 Euro pro Kilo.

Damit sind wir bei der volkswirtschaftlichen Bedeutung. Zurzeit werden jährlich Hunderte von Tonnen *Mopane* von Botsuana und Südafrika nach Sambia und Simbabwe exportiert. Gigantische Mengen der Großen Wasserwanze *Lethocerus indicus* aus Thailand und der Seidenspinnerpuppen *Bombyx mori* aus Südkorea reisen nach «Chinatowns» und zu «Asia-Shops» in aller Welt. Die Seidenspinnerpuppen stellen ein besonders lukratives Geschäft dar, da nach der Gewinnung der Seide das Innere der Kokons sonst nutzlos wäre. Auch Skorpione haben wirtschaftliche Bedeutung, denn sie sind einfach zu züchten, wie z. B. in der *«Ru Yang Boda» Scorpion Breeding Company* in China. Es gibt unzählige Rezepte, um Skorpione zu kochen, am einfachsten ist es aber, sie stachellos in hochprozentigen Reiswein zu stecken und dann roh zu essen.

Ein letztes Argument schließlich könnte der Geschmack sein. Darüber lässt sich bekanntlich streiten. Doch man ist sich weitgehend einig, dass die geröstete Goliath-Vogelspinne *Theraphosa blondi* aus Venezuela von Krabbenfleisch nicht zu unterscheiden ist.

Beachtenswert ist das Projekt der Weltgesundheitsorganisation FAO in Zusammenarbeit mit der Regierung von Laos. Dort wurde eine Kampagne gestartet, um über den Nährwert der Tiere zu informieren und Bauern zu Insektenfarmern umzuschulen. An den Schulen wurden Grillenfarmen eingerichtet, um die Schulspeisung aufzubessern. Außerdem werden landesweit Rezepte für Gerichte mit Insekten verteilt und es gibt seit 2011 an der Universität Laos ein Studiengang für Insektenzucht. Beachtenswert ist auch die Geschäftsinitiative des US-Amerikaners Pat Crowley. Er brachte im August 2012 einen Riegel mit gemahlenen Grillen, den «Chapul Bar», auf den Markt. Man kann die Riegel im Internet bestellen.

Wer sich ekelt, denke daran, dass der Verzehr von rohem Fisch in Japan in anderen Ländern lange Zeit als ekelerregend galt und nun für viele Menschen weltweit in Sushis und Sashimis selbstverständlich ist. Man denke auch an Austern oder Weinbergschnecken, die für manche Menschen eine Delikatesse sind und bei anderen Ekel erregen. Es scheint wohl nur eine Frage der Gewöhnung bzw. der Erziehung oder der Aufklärung zu sein.

IM DIENSTE DER AUFKLÄRUNG

## » Insekten als Mordzeugen

Insekten bilden die häufigste Lebensform auf der Erde und Leichen bieten ihnen reichhaltige Nahrung. Hieraus entwickelte sich die Forensische Entomologie, bei der der Befall von Leichen durch Insekten für kriminologische Ermittlungen genutzt wird.

Der vielleicht älteste dokumentierte Fall, in dem Insekten einen Mörder überführten, wurde im 13. Jahrhundert von dem Chinesen Song Ci berichtet. Nachdem ein Bauer erstochen wurde, verlangte ein Ermittler, dass alle Bauern der Gegend ihre Sichel auf den Boden legen sollten. Bald sammelten sich Fliegen auf einer der Sicheln. Offensichtlich hafteten dort noch Blutspuren, für die Menschen nicht sichtbar, doch für Fliegen leicht auszumachen.

Diese oft zitierte Geschichte aus China steht allerdings nicht in direktem Zusammenhang mit der heutigen Forensischen Entomologie, die sich aufgrund der in der Leiche befindlichen Insekten und ihrer Verwandten (Gliederfüßer), mit drei Aufgaben befasst: Bestimmung des Todeszeitpunkts, Bestimmung des Todesortes und Nachweis von Stoffen, z. B. in den Insekten gespeicherten Giften bzw. Krankheitskeimen. Um die Methoden wissenschaftlich voranzutreiben, musste allerdings noch mit der alten «Theorie der Spontanerzeugung» aufgeräumt werden. Nach dieser Theorie, die auch von dem hoch angesehenen Johannes Kepler (1561–1630) vertreten wurde, entstehen Lebewesen spontan aus verwesendem Fleisch, Exkrementen, Schweiß, usw. Erst Francesco Redi widerlegte 1668 diese Theorie, indem er endgültig zeigte, dass bei sehr gut abgedichtetem, verwesendem Fleisch, im Gegensatz zu frei liegendem Fleisch, keine Maden auftreten.

Der Arbeit von Redi folgten zahlreiche Untersuchungen, welche der Forensischen Entomologie Auftrieb gaben. Wesentlich dabei war die Erkenntnis, dass verschiedene Gliederfüßer die Leichen zu verschiedenen Zeiten ihres Verfalls befallen. Unmittelbar nach dem Tod kommen die Schmeißfliegen, welche bereits aus einer Entfernung von 17 km den Kadaver riechen können. Es folgen die Fleischfliegen. Die verschiedenen Fliegen legen in der Leiche ihre Eier ab und es schlüpfen Maden, die sogenannten «Leichenwürmer». Es muss aber berücksichtigt werden, dass Fleischfliegen, im Gegensatz zu Schmeißfliegen, in der Lage sind, auch im Regen zu fliegen, sodass bei entsprechender Witterung die Fleischfliegen zuerst eintreffen.

Nach einer gewissen Zeit bläht sich die Leiche auf, da die Darmbakterien in andere Körperteile wandern, sich dort sehr stark vermehren und Gase produzieren. In diesem Stadium kommen weiterhin Schmeißfliegen und bei hinreichend trockener Witterung folgen ihnen Kurzflügelkäfer, Stutzkäfer und Aaskäfer. Danach wird die Leiche zunehmend trockener. In diesem Stadium kommen die Totengräberkäfer und die Käsefliegen. Bei hinreichender Trockenheit gesellen sich dazu Schinkenkäfer, Pelzkäfer und Speckkäfer.

Am Ende ist die Leiche entweder mumienartig oder skelettiert. Die Speckkäfer bleiben dann auf jeden Fall am Werk. Sie besitzen Enzyme, die Haare verdauen können. Hinzu können auch Asseln, Hundertfüßer, Spinnentiere, Milben und Motten kommen. Pierre Mégnin berichtet in seinem Buch über die Fauna von Kadavern, wie er 1878 den Todeszeitpunkt eines Säuglings nur anhand der Milbenzahl bestimmte. Mégnin benutzte dazu eine bekannte Vermehrungskurve für Milben. Meistens ist jedoch die Bestimmung des Todeszeitpunkts viel komplizierter, da Veränderungen von Temperatur und Feuchtigkeit berücksichtigt werden müssen. Höhere Temperaturen und feuchtere Umgebungen beschleunigen die Entwicklung der Gliederfüßer.

Für die Bestimmung des Todeszeitpunkts, vor allem aber für die Feststellung, ob der Fundort mit dem Sterbeort übereinstimmt, ist die Bestimmung der Art der Eier bzw. der Maden wichtig. Eier und Maden verschiedener Arten ähneln sich oft sehr. Man bedient sich heutzutage der Elektronenmikroskopie, um eine Entscheidung anhand von Strukturen an der Oberfläche der Eier zu treffen. In einigen Fällen wird auch eine DNA-Analyse der Eier bzw. der Maden durchgeführt.

Oft ist alles viel leichter, auch mithilfe von Insekten, wie in dem von Mark Benecke beschriebenen Fall aus dem Jahr 1997, bei dem eine tote Ameise an einem Schuh des Angeklagten klebte. Diese Ameise, die in einer sehr abgelegenen Gegend heimisch war, wo auch die Leiche gefunden wurde, überführte so den Täter.

Insekten speichern zudem auch Gifte und geben auch dadurch Hinweise. Man findet sie nicht nur in den Larven, sondern sogar in den längst verlassenen Hüllen der Puppen. Dies gilt auch für Schlafmittel – gegebenenfalls ein Hinweis auf Selbstmord – sowie für Rauschdrogen und Krankheitskeime.

IHR EINSATZ

# » Insekten als Soldaten

Kriege stoßen im Allgemeinem auf Abscheu. Dennoch hat jedes Volk irgendwann einen Krieg geführt und oftmals edle Gründe dafür angegeben. Kriegsveteranen lassen stolz ihre bunten Abzeichen auf der Brust baumeln, hier sollen die Insekten und ihre Verwandten – z. B. die Skorpione – Erwähnung finden. Die ältesten Erwähnungen zerstörerischer Einsätze von Insekten stammen aus der Bibel: «Ich will Hornissen vor dir hersenden, die vor dir herausjagen die Heviter, Kanaaniter und Hethiter» (Exodus 23, 28). Ab 300 v. Chr. berichtet man über Seeschlachten in denen Bienennester auf Schiffe katapultiert wurden. Im Mittelalter hielt man Bienenstöcke direkt hinter den Befestigungsmauern, um sie auf Angreifer hinabzuwerfen. Heinrich I. von England gewann eine Schlacht gegen den Herzog von Lothringen im 11. Jahrhundert n. Chr. allein durch den Einsatz von Bienen. König Richard I., genannt *Löwenherz*, benutzte sie im 12. Jahrhundert beim Kampf gegen die Muslime im Dritten Kreuzzug. Auch im amerikanischen Bürgerkrieg und im Ersten Weltkrieg wurden sie eingesetzt, jedoch in geringerem Maß, da es mittlerweile effizientere Waffen gab.

Eine besonders dramatische Überlieferung eines Kriegseinsatzes von Skorpionen stammt aus dem Ende des 2. Jahrhunderts n. Chr. Als der römische Kaiser Septimus Severus die mesopotamische Stadt Hatra, nahe der Stadt Mosul im heutigen Irak, einnehmen wollte, so erlebte er sein «Waterloo», und zwar durch einen Bombenangriff des hatrischen Königs Barsamia. Die Bomben bestanden aus Tonkugeln, gefüllt mit Skorpionen. Der einfallsreiche Herrscher hatte die Bevölkerung zu groß angelegten Sammelaktionen, vermutlich der Arten *Scorpio maurus* und *Mesobuthus eupeus*, losgeschickt.

Der vielleicht grausamste und zugleich wirkungsvollste Einsatz erfolgte um 1308 in der genuesischen Stadt Kaffa an der Krim. Diese

Stadt war ein Knotenpunkt zwischen dem Mittelmeerhandel, den Karawanen aus Fernost und dem Warentransport entlang der Flüsse Don und Wolga. Sie erlebte zu dieser Zeit ihre höchste Blüte. Anfang des 14. Jahrhunderts versuchten die Mongolen die Stadt einzunehmen, sie konnten aber die riesigen Stadtmauern Kaffas nicht überwinden. Als bei den Mongolen die Pest ausbrach, vermutlich durch Flöhe, die durch Ratten aus der Eurasischen Steppe eingeführt worden waren, beschlossen die Eroberer, Leichen von Pestkranken über die Stadtmauern Kaffas zu katapultieren. Schon nach kurzer Zeit ergriff die Krankheit ganz Kaffa. Die Flöhe auf den Leichen verbreiteten die Seuche in Windeseile durch die allgegenwärtigen Ratten. Wer sich retten konnte, floh so schnell es ging nach Genua, Venedig und Marseille. Die Folgen sind bekannt: 25 Millionen Tote durch die Pest in Europa. Wer war schuld daran? Die Flöhe oder die Mongolen?

All die oben beschriebenen Tiere, die als «Soldaten» eingesetzt wurden, trugen entweder einen Giftstachel, wie Skorpione oder Bienen, oder verbreiteten Krankheitskeime wie die Flöhe auf den Pestleichen. Doch warum soltte man sich auf «traditionelle» Gift- oder Keimträger beschränken? Eine während des Koreakriegs im Ostblock operiende Kommission stellte fest, dass die US-Amerikaner die dicht behaarten Körper von ganz harmlosen Insekten benetzt mit allerlei tödlichen Erregern, über dem Feind abwarfen: die Fliegen *Musca vicina* und *Helomyza modesta*, den Käfer *Ptinus fur* und den Springschwanz *Isotoma negishina*. Diese Insekten waren zuvor mit Erregern von Typhus, Paratyphus, Anthrax, Ruhr und Cholera beladen worden. Die Aktion konnte niemals mit letzter Sicherheit bewiesen werden. Nach dem Krieg stritten die US-Amerikaner diese Einsätze ab, und es war schwierig, irgendwelche Beweise zu erbringen, da die Insekten nach kurzer Zeit abstarben und die Erreger durch die Koreaner mittlerweile ausgelöscht waren bzw. diese auch aus anderen Quellen hätten stammen können.

Fliegen und Flöhe, die von Japanern vor und während des Zweiten Weltkriegs mit Erregern benetzt oder infiziert wurden, schreiben eines der düstersten Kapitel in der Geschichte der Kriegsführung überhaupt. Sie wurden unter der Leitung von General Ishii Shiro in von den Japanern besetzten Gebieten in China gezüchtet und gegen die Chinesen eingesetzt. Man schätzt die Gesamtzahl der Toten durch solche Einsätze auf 410.000, also etwa doppelt so viele Todesopfer wie bei den Bombenangriffen auf Hiroshima und Nagasaki. Man benutzte «Bomben» aus dünnem Porzellan, die mit einer kleinen Zündvorrichtung gesprengt wurden und 3000 bis 6000 mit allerlei Krankheitserregern infizierten Flöhe enthielten. Die Entwicklung dieser Bomben fand ab 1932 statt und beschäftigte 20.000 Mitarbeiter, die eine halbe Milliarde Flöhe pro Jahr züchteten. Später erweiterte man das Programm auf Fliegen, die mit Choleraerregern benetzt wurden. Zur Züchtung der Erreger benutzte man chinesische Gefangene, die gut ernährt wurden, um ein gutes Zuchtsubstrat zu liefern, doch eine Lebenserwartung von durchschnittlich nur einem Monat hatten. Nach dem Krieg wurde Ishii Shiro von den US-Amerikanern unter der Bedingung der Preisgabe seiner Methoden freigelassen, während andere angeklagte Landsleute wegen Kriegsverbrechen zu hohen Haftstrafen oder zum Tode verurteilt wurden.

Eine weitere Einsatzmöglichkeit von Insekten, die effektiv klingt, jedoch nie massiv umgesetzt wurde, ist der Angriff auf landwirtschaftliche Flächen mit Tieren, die die angebauten Lebensmittel fressen. Im Zweiten Weltkrieg hat die deutsche Wehrmacht fleißig Kartoffelkäfer gezüchtet, um sie u. a. auf England abzuwerfen, doch es konnten nicht genug Käfer gehortet werden, bevor der Krieg zu Ende ging. Während des Kalten Kriegs tauchte das Thema wieder auf, doch diesmal waren es die europäischen Ostblockstaaten, die die US-Amerikaner beschuldigten einen Massenangriff von Kartoffelkäfern auf die DDR, «Amikäfer» genannt, vorzubereiten. Es kam nie zu einem solchen Angriff, obwohl es damals militärische Insektenzuchtanstalten in den USA tatsächlich gab. Während der Kubakrise wurde im Jahr 1962 damit begonnen, in Fort Derrick, Maryland, massenweise Zwergzikaden der Art *Graminella nigrifrons* zu züchten, um sie in Kuba abzuwerfen und dort die Zuckerrohr- und Reisplantagen zu vernichten. Doch Chruschtschow gab in dieser Krise bekanntlich nach und die sechsbeinigen Soldaten kamen in Kuba nicht zum Einsatz.

Die Lösung des Kubaproblems hinderte Präsident Kennedy nicht daran, die Züchtung von Insekten voranzutreiben, um sie eventuell in Ostblockstaaten einzusetzen. General Marshall Stubbs forderte im US-Kongress, dass der Schwerpunkt bei der Züchtung darin liegen müsse, dass die gezüchteten Insekten gegen Insektizide und Kälte besonders resistent seien, Letzteres im Hinblick auf einen Angriff auf den Norden der Sowjetunion. Die Infrastruktur zur Verwirklichung des Plans war bereits vorhanden, vor allen Dingen in der Insektenzuchtanstalt in Pine Bluff, Arkansas, gegründet 1960, mit einer Produktion von 100 Millionen infizierten Fliegen pro Woche. Auch diese Insekten wurden nie eingesetzt.

TEIL 2

# Insekten und ihre Verwandten: Verblüffende Geschichten

INTERNATIONAL

## » Bienen lernen Fremdsprachen

Im Jahr 1973 erhielt Karl von Frisch den Nobelpreis, hauptsächlich für seine Arbeiten über die Sprache und das Gedächtnis der Honigbienen. Unter anderem entzifferte er die Sprache der Bienen zur Mitteilung von Futterquellen an ihre Nestgenossen. Diese besteht aus einem Tanz, der mehrere Formen annehmen kann: Bei nahen Futterquellen ist es ein Rundtanz mit periodisch wechselnder Richtung, bei etwas fernerem Futter ein sichelförmiger Tanz und bei noch ferneren Futterquellen ein Schwänzeltanz, etwa in der Form der Zahl Acht. Die Öffnung der Sichel zeigt die Richtung zur Futterquelle an, die beim Rundtanz nicht angezeigt wird. Beim Schwänzeltanz entspricht die vertikale Richtung dem Sonnenstand und der Winkel der Tanzfigur zur Vertikalen dem Winkel der Futterquellenrichtung relativ zum Sonnenstand. Die Dauer des Tanzes zeigt die Entfernung des Futters an. Beachtenswert ist hier das Abstraktionsvermögen bei der symbolischen Darstellung von Sonnenstandrichtung, indem sie diese durch die vertikale Richtung angeben. Der Bienentanz ist die einzig bekannte Form symbolischer Kommunikation bei wirbellosen Tieren.

Von Frisch fand außerdem heraus, dass verschiedene Bienenarten unterschiedliche Dialekte sprechen. Diese Dialekte unterscheiden sich zum einen darin, dass manche Bienen den Sicheltanz gar nicht verwenden. Zum anderen unterscheiden sie sich bei der Futterentfernung, für die der Rundtanz zum Sicheltanz wird, und bei der Entfernung, für die der Sicheltanz zum Schwänzeltanz wird. Vor allen Dingen aber unterscheiden sich die Dialekte im Zusammenhang zwischen der Dauer einer Schwänzelbewegung und der Entfernung. So schwänzelt zum Beispiel die mitteleuropäische Biene *Apis mellifera carnica* mit etwa der halben Dauer wie die indische Biene *Apis cerana indica*. Die Letztere würde den 600-Meter-Tanz der Ersteren als eine Entfernung von circa 300 Metern missverstehen.

Bei allem sonstigen Erfolg kam von Frisch zu einem falschen Ergebnis, nämlich dass die Sprache der Bienen bis in jede Einzelheit angeboren ist. Um diese Hypothese zu beweisen, entfernte er frisch geschlüpfte Bienen aus dem Nest, brachte sie später wieder zurück und stellte fest, dass sie die Sprache nicht erst erlernen müssen, sondern sofort beherrschen. Dies wurde zum Teil durch einen Arbeitskreis um Jürgen Tautz (Universität Würzburg), in Zusammenarbeit mit Kollegen aus China und Australien, im Jahr 2008 widerlegt. Diese Forscher mischten Bienen «aus Ost und West» in einem Nest: die asiatische *Apis cerana cerana* und die europäische *Apis mellifera ligustica*. Da sich die erwachsenen Bienen verschiedener Art aufgrund unterschiedlicher Duftstoffe als fremd erkennen und oft gegeneinander kämpfen, brachte man gemischte Nester dadurch zustande, dass man einige Tausend Puppen einer Art in das Nest mit einigen Tausend erwachsenen Tieren hinzufügte. Nach der späteren reibungslosen Durchmischung konnte man an der hellgelben Farbe die europäischen und an der dunkelgelb-braunen Farbe die asiatischen Bienen erkennen. Bei den Bienen löst dieser Farbunterschied keine Aggressionen aus. Ohne Durchmischung dauert bei der asiatischen Art eine Schwänzelbewegung 0,5 Sek. bei einer Futterentfernung von 100 Metern und wächst linear bis zu 1,5 Sek. bei 400 Metern an. Bei der europäischen Art wächst die Dauer von 0,3 Sek. bei 100 Metern bis auf 0,8 Sek bei 400 Metern. Erstaunlicherweise lernten die im fremden Nest geschlüpften Bienen die Sprache ihrer «Adoptiveltern». Die Sprache konnte also nicht angeboren sein und die Lernzeit ist offenbar so kurz, dass die Forscher – und vorher auch von Frisch – sie nicht hatten feststellen können.

Dies alles ist insofern erstaunlich, als dass die asiatischen und die europäischen Bienen in ihrer Entstehung sechs bis acht Millionen Jahre zeitlich getrennt sind und dass ihre Herkunftsnester 8000 Kilometer voneinander entfernt sind. Beachtenswert ist auch, dass die asiatischen Bienen genauso gut von den europäischen lernen wie umgekehrt.

DEMOKRATIEVERSTÄNDNIS

## » Parlamentarische Entscheidungen bei Honigbienen

In einem Honigbienenstock entsteht im Früjahr nach der Aufzucht der Brut und gegebenenfalls einer neuen Königin eine drangvolle Enge. Deshalb verlässt die alte Königin zusammen mit rund der Hälfte des Volkes, d.h. zigtausend Bienen, den Stock. Die Bienen schwärmen. Schließlich hängen sie sich als Traube an einen Baum. Einige Hundert von ihnen, nämlich die ältesten, die mit der Umgebung am besten vertraut sind, fliegen dann bis zu 10 km hinaus, um eine neue Unterkunft zu finden. Werden sie fündig, führen sie auf der Traube einen Schwänzeltanz auf, ähnlich wie nach dem Fund einer Futterquelle: Sie teilen durch die Richtung der Schwänzelbewegung im Verhältnis zur Vertikalen mit, wo die gefundene geeignete Behausung liegt. Je größer die Entfernung ist, desto länger dauert der Tanz. Als weiteres Signal kommt noch die sogenannte «Lebhaftigkeit» des Tanzes hinzu. Dabei bedeuten kürzere Tanzpausen (man spricht dann von größerer «Lebhaftigkeit») eine bessere Nistplatzqualität, idealerweise mit einem hoch gelegenen, kleinen Eingang in Südrichtung und einem 10 bis 100 Liter großen Hohlraum. Tanzt eine Biene neben einer anderen, die «lebhaftiger» ist, so fliegt die erste hinaus, um das Urteil der Kollegin zu überprüfen, und übernimmt gegebenenfalls die «Lebhaftigkeit». So können sich nach und nach alle Kundschafterinnen einig werden. Dann regen sie den Schwarm durch erregte Zickzackkurse zum Losfliegen an und lotsen ihn durch besonders schnelles Fliegen zum neuen Domizil.

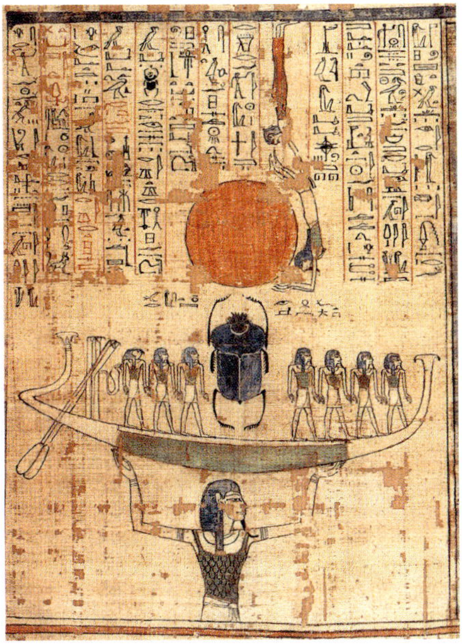

Der Heilige Käfer Ägyptens, der hier auf einem Papyrus, einem Amulett und einem Denkmal zu sehen ist, hat eine hehre Aufgabe: Er befreit die Menschen von Kot. Er vergräbt oder frisst ihn. Enge Verwandte des ägyptischen Skarabäus sind heute nicht minder «heilig». Sie wurden in Australien gezielt eingeführt, nachdem der Kot der ebenfalls eingeführten Rinder den Kontinent zu ersticken drohte. [1]

Das stärkste Insekt der Welt lebt in Europa und ist mit dem heiligen Käfer Ägyptens eng verwandt. *Ontophagus taurus* kann eine Kugel schieben, die 1141-mal schwerer ist als er selbst. Leider ist er in Deutschland weitgehend ausgestorben. [2]

Ein weiterer Verwandter des heiligen Käfers Ägyptens ist der Mondhornkäfer *Copris lunaris*. Er ist in ganz Großbritannien und in vielen Regionen Deutschlands ausgestorben. [3]

Das Gift der Schwarzen Witwe *Latrodectus mactans*, hier mit ihrem Eikokon, bindet sich an Orte des Gehirns, deren Störung zu Autismus führen. Dadurch konnte diese Spinne der Erforschung dieser Krankheit dienen. [4]

Zikaden der Gattung *Magicicada* erscheinen alle 13 oder alle 17 Jahre in Nordamerika. Diese Jahreszahlen sind Primzahlen, was eine Synchronisation mit Feinden, die alle zwei, drei usw. Jahren erscheinen verhindert. Das Wissen über ihre Evolution erlaubte ein Computerprogramm zu schreiben, das sehr große Primzahlen erzeugt und so hilfreich für die sogenannte Zahlentheorie in der Mathematik ist. [5]

Seidenraupenpuppen, eigentlich Abfall nach der Produktion von Seide, ergeben in Ostasien eine beliebte, leckere und proteinreiche Mahlzeit. [6]

Dies ist ein «US-Soldat». Die Regierung Kennedys züchtete massenweise diese Zwergzikade *Graminella nigrifrons*, um sie auf die Zuckerrohrplantagen Kubas abzuwerfen. Dadurch, dass die Sowjets in dem Konflikt nachgaben, kam die Zikade nicht zum Einsatz. [7]

Während der «Heilige Käfer» sich um die Entsorgung von Kot kümmert, beseitigt der Totengräberkäfer der Gattung *Necrophorus* die Leichen toter Vögel, Mäuse und Ratten. In Nordamerika befindet sich dieser Nützling im Aussterben. [8]

Einige Arten von Wasserläufern, hier *Gerris marginatus*, verständigen sich durch leichtes Tippen mit den Füßen auf dem Wasser. Abnehmende Frequenz heißt: «Ich suche ein Weibchen.» Antwort mit konstanter Frequenz: «Alles klar. Komme zu mir.» Bestätigung des Männchens, auch mit konstanter Fequenz: «Ich komme!» [9]

Der Bläuling *Polyommatus bellargus* kooperiert mit Ameisen. Die Ameisen schützen seine Raupen vor Feinden. Die Raupen revanchieren sich ihrerseits mit einem zuckerhaltigen Sekret. Das massive Sterben von Ameisen hat die mit ihnen kooperierenden Bläulinge ebenfalls in den Tod gerissen. [10]

Das Männchen der Grille *Hapithus agitator* erlaubt dem Weibchen nach dem Sex, seine Flügel kaputt zu knabbern, damit sie gar nicht auf die Idee kommt, den leckeren Samen aus ihrem Genital abzulecken. Nach etwa zehn Minuten ist der Samen tief genug eingedrungen und das Männchen hat endlich seine Ruhe. [11]

Die Chamäleon-Spinne *Misumena vatia* (Bilder oben) kann zur Tarnung weiß, gelb oder rosa erscheinen, je nachdem, wo sie lebt. Dafür sortiert sie innerlich Farbstoffe, die sie aus ihren Beutetieren entnimmt. Auch die Spinne *Thomisus onustus* (drittes Bild) kann sich auf ähnliche Weise farblich an die Umgebung anpassen. [12]

Die Larve des Ameisenlöwen (Bild links oben) baut einen Trichter im Sand und gräbt sich an seinem tiefsten Punkt ein (Bild links unten). Dort hockt sie und lauert auf Beute. Sobald sich ein Insekt nähert, wirft sie mit Sandkörnern, um eine Lawine auszulösen, sodass die Beute hinabstürzt. Nach dem Larvenstadium entsteht aus dem «Löwen» ein libellenähnliches Insekt (Bild rechts). [13]

Jedes Männchen der *Anthidium*-Wildbienen hält strenge Wacht über ein circa drei mal drei Meter großes, blumenreiches Gebiet. Die Weibchen fliegen in solche Männergärten, mal hier, mal dort, und dürfen sich jeweils frei an den Blumen bedienen, vorausgesetzt sie stehen dem «Landesherrn» sexuell zur Verfügung. [14]

Dieser Käfer *Popillia japonica,* hier zu einer Gruppe mit Paarungsabsichten versammelt, verwechselt aus noch unklaren Gründen in 6 % der Begattungsversuche Weibchen mit Männchen. [15]

Das Weibchen des Käfers *Diaprepes abbreviatus* verhält sich wie ein Männchen, um männliche Rivalen anzuziehen, die ihn gern vertreiben würden. Kaum sind diese Männchen da, verhält es sich wieder weiblich und sucht sich den attraktivsten «Rivalen» aus. [16]

Die Orchideen der Art *Ophrys incubacea* riechen nach Weibchen der Sandbiene *Andrena morio*. Hier sind gleich zwei Männchen auf den Betrug hereingefallen. Die Blume aber hat ihr Ziel erreicht: Sie wird bestäubt. [17]

Der sogenannte Kleine Postbote *Heliconius erato* von dem amerikanischen Kontinent begattet Puppen kurz vor dem Schlüpfen, denn dann sind sie schon empfänglich. Danach beschmiert er die Puppen mit einem übel riechendem Sekret, damit andere Männchen Abstand nehmen. Auf dem rechten Foto sieht man den Falter in seiner ganzen Pracht. [18]

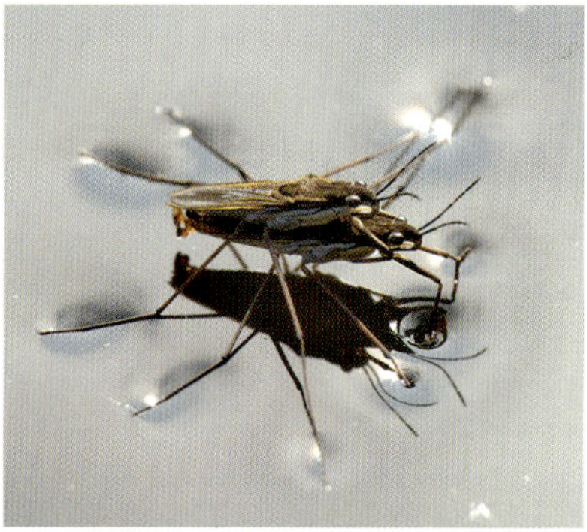

Nötigung! Falls das Weibchen dieses Wasserläufers der Gattung *Gerris* nicht mitmacht, fängt das Männchen über ihr an zu wippen. Die Wasserwellen ziehen dann Fische oder Wasserkäfer an, die das Weibchen fressen könnten. Das Weibchen muss sich entscheiden: Sex oder Tod. [19]

Das Männchen des Apollofalters *Parnassius apollo*, in Europa weitgehend ausgestorben, verschließt mit einem Sekret die Genitalöffnung des Weibchens nach dem Sex. So haben andere Männchen keine Chance mehr. Dieser schöne Falter wird in Europa leider immer seltener. [20]

Die Weibchen der Holzbiene *Xylocopa pubescens* führen erbitterte Machtkämpfe in ihren Nestern aus. Die Gewinnerinnen können sich weiterhin fortpflanzen. Bei den Verliererinnen ändert sich der Hormonhaushalt derart, dass sie in die «Wechseljahre» kommen und nur noch Arbeiten im Nest verrichten können. [21]

Einige Spinnenweibchen, wie die der hier gezeigten Roten Röhrenspinne *Eresus kollari*, verdauen sich innerlich selbst nach der Geburt ihrer Kinder. Sie stehen dann als nahrhafter Brei dem Nachwuchs zur Verfügung. Das Bild zeigt das farbenfrohere Männchen. [22]

Die tropische Orchideenbiene *Eufriesea purpurata* ist DDT-süchtig. Sie sucht täglich Orte auf, auf die dieses Insektizid gesprüht wurde, ohne sich dabei zu vergiften. Bis jetzt gibt es keine Erklärung dafür. Vermutlich verwechselt sie DDT mit einer ähnlichen, für sie wichtigen Substanz. [23]

Die Eintagsfliege *Palingenia longicauda* ist in Europa, ausgenommen Ungarn, Tschechien und die Slowakei, ausgestorben. Noch sorgt sie in Ungarn für eine Touristenattraktion – die sogenannte Tisza-Blüte. Dann nämlich schwimmt eine große Anzahl der Tiere auf dem Fluss Tisza, um sich zu paaren. [24]

Die tropischen Stärlinge *Cacicus cela* leiden, wie viele andere Vögel, darunter, dass sich *Philornis*-Fliegen in ihre Beutelnester einschleichen. Die Larven dieser Fliegen greifen die Küken an. Die *Cacicus*-Vögel haben das Glück, dass sich Wespen, auf dem Bild in einem perfekt zylindrischen weißen «Hochhaus», in der Nähe ihrer Nester ansiedeln, weil sie die *Philornis*-Larven gern fressen. [25]

In Chiang Mai, Thailand, findet jedes Jahr eine Insekten-Olympiade statt. Die Besucher schließen Wetten ab. Ähnliche Wettkämpfe finden auch in Laos, Myanmar und China statt. Ein regionaler Nashornkäfer-Kampfmeister kann übrigens umgerechnet rund 200 Euro kosten. [26]

Die japanische Honigbiene *Apis cerana* kann sich gut gegen die größte Hornisse der Welt, die auch in Japan lebende *Vespa mandarinia* (auf dem Bild) wehren. Dazu stürzen sich Hunderte von Bienen auf die Hornisse und töten sie. Die in Japan aus Europa importierte Biene *Apis mellifera* liefert zwar mehr Honig, kann sich aber nicht gegen die Hornisse wehren. Pech für honiggierige Imker! [27]

Die sogenannte Spanische Fliege *Lytta vesicatoria* scheidet ein Öl aus, dem man eine potenzsteigernde Wirkung zuschreibt. Dieses Öl führt aber nur zu einer Erektion und beeinflusst nicht das sexuelle Verlangen. Trotzdem soll es König Heinrich IV. (1050–1106) für seine königlichen Erektionen benutzt haben. In den heutigen Sexshops findet man nur homöopatisch verdünnte Lösungen. [28]

Die Wiesenschaumzikade *Philaenus spumarius* ist Weltmeisterin im Hochsprung: 70 cm Höhe und eine Kraft gleich dem 414-fachen ihres Körpergewichts schafft sie spielend. Flöhe erreichen nur 20 cm Höhe. Auf dem Foto sieht man ihre Geburt aus dem Schaumnest, in dem sie als Larve lebte. [29]

*Orchesella cincta*, genannt Gegürtelter Springschwanz, hat uns Menschen übertroffen: In Kiefernwäldern der Niederlande, die lange Zeit mit Schwermetallen belastet waren, veränderten sich seine Gene derart, dass er diese Gifte mit seinem Stoffwechsel entsorgen kann. [30]

Der harmlos aussehende Bombardierkäfer *Brachinus crepitans* hat im Hinterleib zwei Kammern mit je einer Chemikalie. Bringt er diese Stoffe zusammen, so entsteht 100 °C heißes Wasser, mit dem giftigen und ätzenden 1,4-Benzochinon das er als siedende Dusche auf einen Störenfried richtet. Es ist ein ungelöstes Rätsel, wie sich solch eine Hightechwaffe im Lauf der Evolution entwickeln konnte. [31]

Der Pochkäfer *Xestobium rufovillosum* wird Totenuhr genannt, weil er auf die Wände seiner Gänge im Holz von Balken oder Möbeln in unheimlich anmutender Weise klopft. Für den Käfer ist dies gar nicht unheimlich. Es ist der Klang seiner Hochzeitsbalz. [32]

In einem Stück Bernstein entdeckte 1999 der Doktorand Oliver Zompro im Max-Planck-Institut in Plön ein Insekt einer noch unbekannten Ordnung, später *Mantophasmatodea* genannt. Eine weltweite Suche ermöglichte die Auffindung von Insekten dieser Ordnung in Namibia. [33]

Der größte Hundertfüßer der Welt, der Brasilianische Riesenläufer *Scolopendra gigantea* wird 25 cm lang und lebt in Höhlen Südamerikas. Dort hat er keine Mühe, Fledermäuse zu töten, um sich an ihnen satt zu essen. [34]

Die Urlibelle *Meganeuropsis permiana* hatte eine Flügelspannweite von bis zu 75 cm. Sie lebte vor circa 300 Millionen Jahre. Man beachte, dass sich die Form von Libellen, welche ausschlaggebend für ihre erstaunlichen Flugkünste ist, in diesem riesigen Zeitraum kaum verändert hat. [35]

Die Skelett-Krabbe *Caprella bathytatos* lebt in der Nähe von Unterwasservulkanen in der Tiefsee, wo Umweltbedingungen herrschen wie auf einem anderen Planeten. Die auf dem Foto gezeigte *Caprella*-Art lebt in küstennahen Gewässern, ist aber ihren Tiefseeverwandten sehr ähnlich. [36]

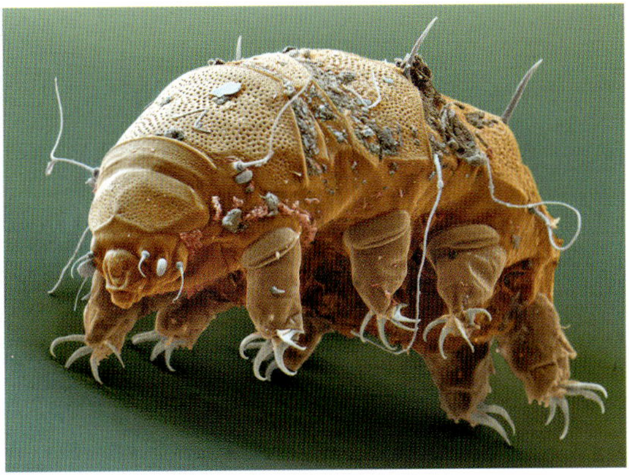

Bärtierchen (*Tardigrada*) leben im Wasser, können aber bei Trockenheit jahrelang in einem «mumienartigen» Zustand überleben. Bevor sie wieder lebendig werden, halten sie Bedingungen aus, wie sie im Weltraum vorkommen: fast vollständiges Vakuum und Temperaturen zwischen −272 °C und +77 °C. [37]

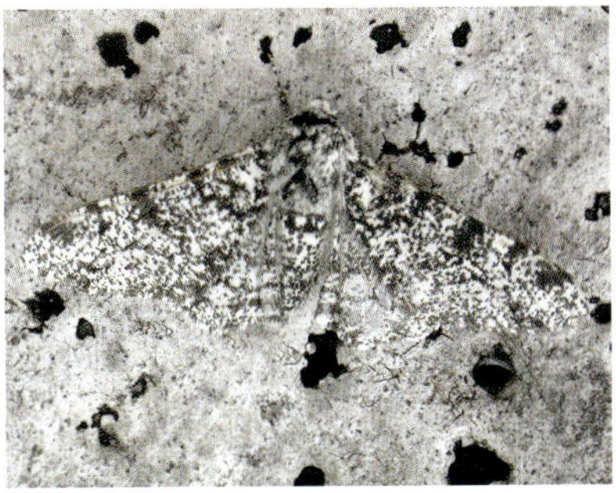

Evolution im Eiltempo: Der Birkenspanner *Biston betularia* war vor der industriellen Revolution hell, da er sich gut auf weißen Flechten tarnen konnte (links). Durch zunehmenden Ruß und das Verschwinden der Flechten setzte sich eine schwarze Form durch (rechts). Nach umweltfreundlichen Maßnahmen um 1950 dominierte wieder die weiße Form. [38]

Bärenspinner (*Arctiinae*) können den Ultraschall von Fledermäusen wahrnehmen und selbst Ultraschall erzeugen, um die Fledermäuse zu verwirren und sich so vor ihnen zu schützen. Die Fotos zeigen folgende Bärenspinner: der Schwarze Bär *Arctia villica* (unten links), der Augsburger Bär *Pericallia matronula* (unten rechts) und der Graubär *Diaphora mendica* (oben) – bei dieser Art sind die Männchen dunkel und die Weibchen strahlend weiß. [39]

Der Nebeltrinker-Käfer *Onymacris unguicularis* kann Nebel trinken. Winzigste Nebeltröpfchen bilden auf seinem Rücken Wassertropfen. Bei Bedarf richtet er seinen Hinterteil so auf, dass die Tropfen direkt in den Mund rollen. [40]

Die Ritterwanze *Lygaeus equestris* ernährt sich vom Schwalbenwurz, der das Gift Vincetoxin enthält, und vom Frühlings-Adonisröschen, der das giftige Adonitoxin beinhaltet. Die Ritterwanze speichert beide Gifte, und zwar ohne dabei Schaden zu nehmen. Allerdings ist sie für ihre Feinde hoch giftig. [41]

*Zygaena ephialtes* (links), auch Veränderliches Widderchen genannt, ist für Vögel giftig. Das Weißfleck-Widderchen *Amata phegea* (rechts) ist nicht giftig, tarnt sich aber vor seinen Feinden dadurch, dass es dem giftigen Falter sehr ähnlich sieht. [42]

Violinisten in aller Welt staunen über die Klangfarbe von Geigensaiten, die aus Spinnenfäden der Seidenspinne *Nephila maculata* hergestelllt werden. [43]

Pseudoskorpione sind Spinnentiere, die wie Skorpione aussehen. Für weite Reisen hängen sie sich an flugfähige Insekten, auf dem Bild eine Buckeltanzfliege, und fahren so «per Anhalter». [44]

Dies ist keine Hummel, sondern die Hummel-Waldschwebfliege *Volucella bombylans*. Sie tarnt sich, um Zugang zu Hummelnestern zu haben. Warum? Um dort ihre Eier zu legen. Ihre parasitären Larven lassen es sich dann im Hummelnest wohl sein. [45]

Die Raupe des Schildkäfers *Hemisphaerota cyanea* produziert ihren Kot ununterbrochen, sodass sie eine sehr lange Schnur bildet. Diese Kotschnur hüllt sie um ihren Körper, um sich vor Austrocknung zu schützen. [46]

Wer gewinnt wohl den Kampf zwischen der winzigen Buckelfliege und der viel größeren Ameise *Camponotus gigas*? Es gewinnt die kleine Fliege, denn sie legt ihre Eier im Körper der Ameise ab. Die geschlüpften Larven fressen dann die Ameise von innen langsam auf, das Gehirn als Letztes. So halten sie die Ameise so lange wie möglich am Leben. [47]

Die Raupe der arktischen Motte *Gynaephora groendlandica* braucht 14 Jahre vom Ei bis zum erwachsenen Tier. In den vielen so durchlebten Wintern kommt sie mit Temperaturen von –70 °C und weniger zurecht. 90 % ihres Lebens verbringt sie im gefrorenen Zustand. Dafür helfen ihr körpereigene Frostschutzmittel, u. a. Glycerin, in ihren Zellen. [48]

Der Eichen-Zackenrandspinner *Ennomos quercaria* ist in Europa weitgehend ausgestorben oder gefährdet. Die Larven sehen Zweigen ähnlich. Sie sind also verblüffend gut getarnt, wenn sie die Eichenblätter fressen. Eine solche Larve ist hier senkrecht in der Bildmitte zu sehen. [49]

Die Mohnbiene *Osmia papaveris* ist in vielen Ländern, z. B. den Niederlanden und der Schweiz, ausgestorben. In Deutschland ist sie sehr selten. Für ihren Nachwuchs bohrt sie ein Loch im Sand, kleidet es innen mit Mohnblütenblättern aus, legt ein Ei darin und versiegelt es mit Sand. [50]

*Megachile parietina,* die Schwarze Mörtelbiene, ist in Deutschland weitgehend ausgestorben, ausgenommen in einigen Gegenden, wo sie wieder angesiedelt wurde, weil man sie zum Bestäuben dringend brauchte. Sie baut ein Nest aus Lehm, Sand und Steinchen, füllt es mit Pollen und Nektar, legt dort ihre Eier und mauert das Nest zu. Durch ihren Speichel wird das Material fast so hart wie Beton. [51]

Der Wollschweber *Anasteochus melanohalteris* gehört zu den Zweiflüglern, wie unsere Hausfliege. Er besitzt aber einen sehr langen Rüssel zum Aufsaugen von Nektar und beherrscht den Standflug wie ein Kolibri. [52]

Die Kreiselwespe *Bembix rostrata* ist in Deutschland selten. Zudem nimmt ihr Bestand weiter ab. Sie bohrt ihr Nest, indem sie sich schnell um ihre eigene Achse dreht – daher ihr Name. Im Nest legt sie ein Ei und füllt es mit einem Vorrat toter Fliegen zur Nahrung der Larve an. [53]

Die Biene *Osmia bicolor* nutzt ein leeres Schneckenhaus zum Übernachten, zum Überwintern und als Brutzelle. Nachdem sie ihre Eier in die Schnecke gelegt hat, füllt sie diese mit Pollen und Nektar als Larvenproviant, versiegelt sie mit einer Mischung aus Blattstückchen und Speichel und versteckt sie unter einem Haufen Gras- und Kiefernhalmen. [54]

Diese Krabbenspinne *Heriaeus hirtus* ist in Südtirol ausgestorben und sonstwo bedroht. Nach der Eiablage webt das Weibchen einen Kokon um die Eier, begleitet ihn ohne Nahrungsaufnahme, beißt ihn kurz vor dem Schlüpfen an, leistet Geburtshilfe und stirbt danach. [55]

Der Hirschkäfer *Lucanus cervus* ist in mehreren Ländern, z. B. Dänemark und Litauen, völlig ausgestorben. In Deutschland ist er immer seltener zu finden. Im Römischen Reich wurden die Larven als Delikatesse gegessen und die Geweihe als Amulett gegen Krankheiten getragen. Das Foto zeigt den Kampf zweier Männchen. [56]

*Chamaesphecia leucopsiformis*, der Spätsommer-Wolfsmilch-Glasflüger, ist ein Schmetterling, der zur Tarnung einer Wespe ähnelt. Er ist in vielen Gegenden Deutschlands ausgestorben und sonst extrem selten. [57]

Der Prozessionsspinner *Thaumetopoea pityocampa* ist in Deutschland in Wäldern und Parks zu finden. Warum sich die Raupen aneinanderketten, liegt vermutlich daran, dass sie so für Fressfeinde, z. B. Vögel, wie eine abschreckende Schlange aussehen. [58]

Der Kleine Weinschwärmer *Deilephila porcellus* wird in Deutschland immer seltener. Seine Raupen fallen dadurch auf, dass sie zwei große Flecken tragen, die wie Augen aussehen und die sie wie Schlangen erscheinen lassen. [59]

Die Sommerpelzbiene *Antophora aestivalis* dient als Wirt für die Biene *Melecta luctuosa*, eine sogenannte Kuckucksbiene, die ihre Eier in fremde Nester legt. [60]

*Aeshna viridis*, die Grüne Mosaikjungfer, ist in Deutschland stark bedroht und in Nordrhein-Westfalen seit 1986 nicht mehr gesehen worden. Es erscheint als Ironie, dass die hier gezeigte Briefmarke zum Thema «Heimische Libellen» 1991 in Paderborn, also in Nordrhein-Westfalen, abgestempelt wurde. [61]

Der Große Puppenräuper *Calosoma sycophanta* wurde Anfang des 20. Jahrhunderts von Europa nach Amerika und nach Java (Indonesien) gebracht, um zwei schädliche Nachtfalter zu bekämpfen. Einer dieser Käfer frisst pro Jahr circa 400 Puppen und Raupen. Seine Lebensdauer beträgt bis zu drei Jahre. [62]

Der Große Feuerfalter *Lycaena dispar* ist in Dänemark und weitgehend in Deutschland ausgestorben. In Großbritannien wurde er im 19. Jahrhundert durch die Zerstörung von Feuchtgebieten ausgerottet, jedoch mit Exemplaren aus Friesland 1927 wieder angesiedelt. [63]

Die Larven von Xerces blau *Glaucopsyche xerces* leben in Symbiose mit Ameisen. Man vermutet, dass das weltweite Aussterben dieses Falters auf die Ausrottung von Ameisen zurückzuführen ist. Die internationale ökologische Xerces Gesellschaft wurde nach diesem Falter benannt. [64]

Der Helle Eichen-Blütenspanner *Eupithecia irriguata* lebt in baumreichen Geländen und ist dort ein Meister der Tarnung. In Deutschland ist er sehr selten und sein Bestand nimmt weiterhin ab. [65]

Die Pappelglucke *Gastropacha populifolia* imitiert zu ihrem Schutz das Aussehen eines trockenen Blattes. Sie ist inzwischen sehr selten und in vielen Regionen Europas ausgestorben. Die Hauptursache dafür ist vermutlich, dass sie durch künstliche Beleuchtung verwirrt und letztendlich vernichtet wird. [66]

*Periphanes delphinii*, auch Rittersporn-Sonneneule genannt, besucht Blüten, die ihr farblich ähneln. Sie wird von künstlichen Lichtquellen stark angezogen, was ihr zum Verhängnis geworden ist. Sie ist in Deutschland und Südtirol ausgestorben. [67]

Die Käfer *Meloe coriarus* (links) und *Meloe hungarus* (rechts) lassen eine ölige Substanz aus ihren Gelenken austreten, die beim Menschen zu einer Erektion führt, ohne das sexuelle Verlangen zu beeinflussen. Als Larven warten sie auf einer Blüte, klammern sich dann an eine Biene und lassen sich in ihr Nest tragen. Dort lassen sie sich den Vorrat der Bienen schmecken. Zum Glück klappt das bei Honigbienen nicht. Diese verschließen ihre Waben nicht und bewachen sie gut. [68]

*Cerura erminea*, der Weiße Gabelschwanz, wurde in Nordrhein-Westfalen das letzte Mal 1899 gesehen. Die Raupen verpuppen sich in einem aus Holzspänen und Spinnfäden hergestellten Kokon derart, dass sie auf Baumstämmen extrem gut getarnt sind. [69]

Der Hecken-Wollafter *Eriogaster catax* war früher in Süd- und Mitteleuropa sehr verbreitet und ist mittlerweile fast überall verschwunden. Dieser nachtaktive Falter bedeckt seine Eier mit seinen Haaren, sodass das Gelege wie eine haarige Raupe aussieht und dadurch Feinde abschreckt. [70]

Die Krabbenspinne *Pistius truncatus* sieht nicht nur aus wie eine Krabbe, sondern kann auch seitwärtslaufen und ist eine Lauerjägerin. Wenn sie Wespen oder Bienen erbeutet, packt sie sie so geschickt, dass sie in jedem Fall den Kontakt mit dem Stachel vermeidet. Vor der Paarung lässt sich das Weibchen vom wesentlich kleineren Männchen fesseln, ganz anders als sonst bei Spinnen, bei denen das Männchen dem fressgierigen Weibchen ausgeliefert ist. [71]

Der Steirische Fanghaft *Mantispa styriaca* wurde als Fossil – mit einer Spinne in den Fangbeinen – in 44 Millionen Jahren altem europäischen Bernstein gefunden. Doch nun haben die Menschen ihm ein Ende gesetzt. Er ist in vielen Ländern Europas, einschließlich Deutschland und Tschechien, nicht mehr zu finden. [72]

Der Eichen-Buntkäfer *Clerus mutilarius* ist in Mitteleuropa entweder ausgestorben oder vom Aussterben bedroht. Im östlichen Österreich hat er allerdings Nischen gefunden wo er noch überleben kann. Er ernährt sich von Holzresten die andere nagende Insekten übrig gelassen haben. [73]

Der Silberfleck-Zahnspinner *Spatalia argentina* ist in Mitteleuropa selten geworden. Er ist sehr empfindlich gegen Insektizide und wird leicht vernichtet, wenn Schädlinge chemisch bekämpft werden. Die Raupen imitieren mit ihrem Aussehen perfekt kleine Eichenästchen. [74]

*Zygaena fausta*, das Glückswidderchen, ist in Deutschland in vielen Gegenden ausgestorben und sonst selten und mit abnehmendem Bestand. Seine starke Färbung soll Feinden, z. B. Vögel, signalisieren, dass es übel schmeckt und gelegentlich sogar giftig ist. Er ist in der Lage, in seinem Körper Blausäure zu erzeugen oder auch zu zerstören. So konnte er Insektensammlern, die ihre Beute früher mit Blausäure töteten, immer wieder eine lange Nase machen. [75]

Die Entwicklungszeit der Keiljungfer *Gomphus vulgatissimus* vom Ei bis zum Schlüpfen des ausgewachsenen Tiers beträgt bis zu vier Jahre. Aufgrund ihrer Verletzlichkeit während dieser Entwicklung ist sie in mehreren Regionen Deutschlands ausgestorben. Jedes Männchen besetzt ein Revier von 10 bis 20 Metern an Ufern von Gewässern, um Ausschau nach einem Weibchen zu halten. [76]

Die Maulwurfsgrille *Gryllotalpa gryllotalpa* kriecht in selbst gebauten Erdgängen, kann aber auch schwimmen und fliegen. Dieses Insekt betreibt eine intensive Brutpflege. Die Weibchen bewachen sowohl die Eier wie auch die schlüpfenden Larven. [77]

Die Raupe des Feldbeifuß-Mönchs *Cucullia artemisiae* ist eine Meisterin der Tarnung. Sie ernährt sich unter anderem von den Kräutern, die wir Menschen zur Herstellung von Wermuth oder Absinth benutzen. Die Art ist in Schweden und weitgehend in Deutschland ausgestorben. [78]

Die Larven des Goldgruben-Prachtkäfers *Chrysobothris affinis* leben in morschen Bäumen und tragen so zu ihrer Entsorgung bei. Im Allgemeinen bevorzugen Prachtkäfer die Tropen. Nur 0,7 % von ihnen, darunter die hier gezeigte Art, findet man in unseren Breitengraden, wo sie leider von Sammlern sehr begehrt sind. [79]

*Rhynchites bacchus*, der Violette Apfelfruchtstecher, ist leider ein Obstschädling. Man kann ihn biologisch mit einem Mittel bekämpfen, das aus Blüten der sogenannten Wucherblumen gewonnen wird und das weniger ökologische Nebenwirkungen hat als andere Mittel. [80]

*Synema globosum*, die Südliche Glanz-Krabbenspinne, ist in einigen Regionen Deutschlands, zum Beispiel im Land Berlin und Umgebung, ausgestorben. Bei Gefahr lässt sie sich, an einem Faden gesichert, fallen und verfällt so in eine «Hängestarre». Auffällig ist die schwarze Zeichnung auf dem roten Hinterleib. Manche sehen darin den Schatten Napoleons. [81]

Der Tauchkäfer *Graphoderus bilineatus* kann ebenso gut fliegen wie schwimmen. Er ist sehr nützlich. Seine Larven und die erwachsenen Käfer ernähren sich von Mückenlarven. Übermäßiges Algenwachstum in Gewässern sowie zu hoher Fischbesatz machen ihm zu schaffen, sodass er immer seltener wird. [82]

Die Dünenspringspinne *Yllenus arenarius*, eine ehemalige Bewohnerin der Binnendünen im Land Brandenburg, baut Nester aus Seide im Sand zum Übernachten, Überwintern und zum Legen ihrer Eier. [83]

Der Schildkäfer *Pilemostosa fastuosa* ist in Dänemark und vielerorts auch in Deutschland ausgestorben. Seine Füße haben Haftpolster, mit denen er sich am Boden festsaugen kann. Das Schild liegt dann so dicht am Untergrund, dass Feinde, z. B. Ameisen, nicht an seine verletzlicheren, unteren Körperteile herankommen. Seine Larven besitzen eine Gabel am Hinterleib, mit der sie ihren eigenen Kot auf sich häufen, um sich zu tarnen. [84]

*Cyzicus tetracerus*, ein Urzeitkrebs, besiedelte die Gegend, zu der heute Deutschland gehört, seit dem Silur (vor 443 bis vor 419 Millionen Jahren) und ist nach dieser langen Zeit durch die Einwirkung des Menschen dort ausgestorben. Er ist zweigeschlechtlich und ernährt sich von aus dem Wasser filtrierten Kleinstlebewesen. [85]

Der Trauerspinner *Pentophera morio* ist in Deutschland weitgehend ausgestorben. Das Bild zeigt ein Männchen. Die Weibchen haben fast komplett zurückgebildete Stummelflügel, sind deshalb flugunfähig. Sie ziehen, am Boden oder auf Pflanzen sitzend, die Männchen mit Sexuallockstoffen an. [86]

Die Erdbeereule *Orbona fragariae* ist in Deutschland ausgestorben und sonst in Europa unmittelbar vom Aussterben bedroht. Das Bild zeigt eine helle Variante. Manche Forscher behaupten, die Raupe verhalte sich kannibalistisch, und bezeichnen sie deshalb als «Mordraupe». Doch dies ist umstritten und der Streit währt bereits über 100 Jahre. [87]

Der Uraniafalter *Urania sloanus* ist weltweit ausgestorben. Er lebte auf Jamaika und wurde seit 1895 nicht mehr gesehen. Dort hatte man große Schwärme an den Blüten der Avocadobäume gesehen. Seine schillernde Färbung galt als Warnung für seine Giftigkeit. Das Bild zeigt einen der insgesamt drei toten Exemplare, die im «Manchester Museum» aufbewahrt werden. [88]

Der Schwammspinner *Lymantria dispar* ist in Großbritannien ganz ausgestorben und gilt in einigen Gegenden Deutschlands, z. B. in Niedersachsen, als gefährdet. Es gibt andererseits Regionen, in denen die Umweltbedingungen eine Ausbreitung dieses Falters als Schädling ermöglichen. Dies gilt z. B. für die USA, wo er im 19. Jahrhundert eingeschleppt wurde. Statt ihn dann mit artspezifischen Viren oder Hormonen zu bekämpfen, sind Gifte eingesetzt worden, die unermessliche Schäden an nützlichen Insekten anrichteten. [89]

*Cupido osiris*, der Kleine Alpenbläuling, ist in Deutschland ausgestorben. Das Bild zeigt diese Falter beim Saugen von lebenswichtigen Mineralien aus feuchtem Boden. [90]

Der Zweistreifige Mondfleckspanner *Selenia lunularia* ist in einigen Bundesländern, zum Beispiel Mecklenburg-Vorpommern, ausgestorben. Dass er dennoch bisher überleben konnte, verdankt er den für ihn günstigen Bedingungen in Gärten und Parkanlagen. Dies unterstützt den Optimismus betreffend urbaner Ökosysteme für die Rettung von Arten. [91]

Der Cookstraßen-Riesenweta *Deinacrida rugosa* lebte auf den zwei Hauptinseln Neuseelands und war dort ausgestorben. Funde auf benachbarten Inseln ermöglichten es, ihn ab 2007 wieder auf den Hauptinseln anzusiedeln. In einer Nacht läuft ein Männchen bis zu 250 Meter weit, wenn der Geruch eines Weibchens lockt. Hat er ein Weibchen gefunden, legt er ein Bein über den Körper der Auserwählten und läuft mit ihr bis zu einem sicheren Unterschlupf. Dann erfolgt die Paarung. [92]

*Tinostoma smaragditis*, bekannt unter dem Namen Fabelhafte Grüne Sphinx-Motte, lebte auf Hawaii und galt bis Ende des 20. Jahrhunderts lange Zeit als ausgestorben. Der Entomologe Benjamin Preston Clark bot um 1919 hundert Dollar, damals viel Geld, für ein Exemplar an, doch niemand fand eines. Er finanzierte sogar eine Expedition nach Kauai, um den Falter zu suchen. Diese blieb aber erfolglos. Überraschender- und glücklicherweise wird seit 1998 wieder von Einzelfunden berichtet. [93]

Der Prachtkäfer *Eurythyrea quercus* war früher in Südtirol häufig zu sehen und ist nun dort ausgestorben. Dies bewirkte der Mensch, nachdem der Käfer, wie es Fossilien belegen, seit dem Trias (vor 251 bis vor 201 Millionen Jahren) überlebt hatte. [94]

Der Prachtkäfer *Cypriacis splendens* ist in Deutschland, Österreich und größtenteils in Skandinavien ausgestorben. Die Larven entwickeln sich in toten Baumstämmen und sorgen so für ihren natürlichen Zerfall. [95]

Der Fächerkäfer *Macrosiagon tricuspidatum* war einst in Österreich heimisch. Heute ist er dort nicht mehr zu finden. Die jungen Larven dieses Käfers klammern sich an Wespen und lassen sich so in deren Nester tragen, wo sie sich als Parasiten entwickeln. Das Aussterben dieses Käfers führt dazu, dass Wespen, deren Nester man z. B. in Rollladenkästen oder Zwischendecken findet, sich stärker vermehren können. [96]

Der Palmendieb *Birgus latro* wird 40 cm lang, klettert auf Palmen hoch und schafft es, eine Kokosnuss aufzubrechen. Die Paarung dieses Tiers beginnt mit einem Kampf, in deren Verlauf das Männchen das Weibchen auf den Rücken legt und sich dann mit ihm paart. Palmendiebe können sogar Menschen angreifen, und einige Plantagenbesitzer sind froh, wenn sie in ihren Anlagen zu finden sind. Der Schaden an den Kokosnüssen ist nämlich viel geringer als der Wert der Tiere als Wächter. An einigen Orten, nämlich Mauritius und den inneren Seychellen-Inseln, galt er als Delikatesse und ist heute ausgestorben. [97]

Die Wespe *Larra bicolor* ist ein Feind der in Mitteleuropa selten gewordenen Maulwurfsgrillen. In den USA gibt es allerdings eine aus Brasilien eingeschleppte Maulwurfsgrillenart, die zur Plage geworden ist und die mit dieser Wespe als «biologisches Insektizid» bekämpft werden konnte. [98]

Die Blauflügel-Prachtlibelle *Calopteryx virgo* war in der ersten Hälfte des 20. Jahrhunderts in Massen an fast jedem Bach zu finden. Nun ist sie in Deutschland in einigen Gegenden ausgestorben und in anderen stark bedroht. Ihre Larven brauchen eine hohe Sauerstoffkonzentration im Wasser. Entsprechend dazu werden sie von Umweltämtern als Bioindikatoren zur Abschätzung der Wasserqualität herangezogen. [99]

*Astata boops*, aus der Familie der Grabwespen, ist ein zuverlässiger Alliierter des Menschen bei der Bekämpfung schädlicher Wanzen. Sie tragen die Wanzen, sowohl in Larvenform als auch als erwachsene Tiere, zu ihren Nestern als Proviant für ihren Nachwuchs. [100]

Die chemischen Substanzen, die das Licht von Leuchtkäfern, erzeugen, reagieren mit ATP, einem Stoff, der nur von lebenden Wesen gebildet wird. Mithilfe dieser Leuchtkäfersubstanzen kann man Biowaffen und gesundheitsschädliche Keime erkennen und könnte sogar Leben auf dem Mars nachweisen. (Oben der Kleine Leuchtkäfer *Lamprohiza splendidula*, unten der Große Leuchtkäfer *Lampyris noctiluca*) [101]

Der Laufmechanismus von Stabschrecken, auf dem Foto *Oreophoetes peruana*, dient als Vorbild für Roboter zum Einsatz in unwegsamen Geländen. [102]

Blattschneiderameisen benutzen Blattstücke um nahrhafte Pilze in ihrem Bau zu züchten. Die Gründerin eines Ameisennestes trägt *Streptomyces*-Bakterien bei sich, mit denen ihr Nachwuchs, die Pilze und sich selbst schützen kann. Diese Bakterien erzeugen mehrere Antibiotika, die auch uns Menschen helfen können. [103]

Knallkrebse (*Alpheidae*) leben zusammen mit Grundeln. Die Fische können besser sehen und die Krebse besser kämpfen. Mit ihrer großen Schere können sie einen unglaublich lauten Knall erzeugen, der durch den Druck Feinde töten kann. Ingenieure haben danach ein Gerät entwickelt, das es ermöglicht, durch Streuung des Knalls Objekte in trüben Gewässern zu orten. [104]

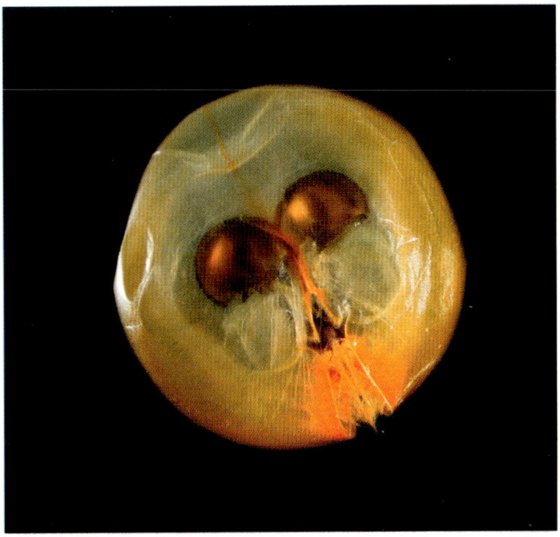

Der rundlich geformte Krebs *Gigantocypris muelleri* lebt in bis zu 1500 Meter Tiefe. In seinen Augen bündelt er das Licht mithilfe von Hohlspiegeln wie in einem Teleskop. Der Spiegel, der aus mehreren biochemischen Schichten besteht, ist effizienter als irgendein Metall und dient Ingenieuren als Vorbild. [105]

Luftströme im Innern eines Termitenhügels sorgen für Abkühlung und gleichzeitig wird Kohlendioxid entsorgt. Dazu bauen die Termiten Schächte, die so effizient sind, dass sie von Architekten nachgebaut werden, zum Beispiel im Queen's Building in Leicester, England. [106]

Die Schildlaus *Dactylopius coccus* war neben Silber die wichtigste Exportware von Amerika nach Europa im 16. Jahrhundert. Sie liefert eine intensive rote Farbe, die von Malern und Dekorateuren geschätzt wurde und die heute noch verwendet wird. Das Bild aus dem Jahr 1777 zeigt wie Schildläuse von einem Kaktus abgekratzt werden. [107]

WER WIRD KÖNIGIN?

# » Mitbestimmung durch das Bienenvolk

Im Frühjahr verlässt meist die Hälfte eines Honigbienenvolks zusammen mit der Königin ihre Behausung, um sich eine neue Bleibe zu suchen. Nachdem sie eine Behausung gefunden haben, bereiten die Arbeiterinnen die Nachfolge der Königin vor, indem sie mehrere Larven mit einem speziellen Saft, dem *Gelée Royal*, füttern, damit aus diesen Larven Königin-«Kandidatinnen» entstehen. Warum mehrere Larven? Weil die «Kandidatinnen» gegeneinander antreten sollen, damit die Stärkste von ihnen als Königin ausgewählt wird. Ihre Stärke soll ja schließlich an Millionen von Nachkommen vererbt werden.

Während die Kandidatinnen heranwachsen, werden die Zellen, in denen sie groß werden, von den Arbeiterinnen kontrolliert. Larven, die sich schlecht entwickeln, werden getötet. Sobald die erste Kandidatin ihre Zelle verlässt, signalisiert sie ihre Präsenz durch lautes «Tuten», ununterbrochen Tag und Nacht. Noch drei Meter vom Bienenstock entfernt können wir Menschen dies hören. Ist eine andere Kandidatin bereit zum Schlüpfen, dann antwortet sie aus ihrer Zelle heraus mit einem «Quaken», das aus tieferen Tönen und kürzeren Tonabschnitten als das Tuten besteht. Die Bienen sorgen dafür, dass immer nur eine quakende Larve ihre Zelle verlässt. Dazu müssen die Arbeiterinnen manch eine geschlüpfte Kandidatin regelrecht in ihre Zelle zurückdrängen und die Zelle bis auf einen kleinen Fütterungsschlitz zukleistern. Sobald die Tutende und eine Quakende frei sind, kämpfen die beiden, bis eine von ihnen stirbt. Die Gewinnerin tutet und eine neue Quakende wird freigelassen. Dies wiederholt sich mehrmals, bis nach dem Finale die Siegerin ausfliegt, sich mit bis zu zwanzig Drohnen paart und so Königin wird.

KEINE STILLEN WASSER

## » Sprache mit Wellen

An verschiedenen Orten der Welt können die Ökosysteme sehr unterschiedlich sein. Die Fauna auf der Oberfläche von stehenden Gewässern allerdings ist fast überall gleich. Wasserläufer, Taumelkäfer, Rückenschwimmer und Springschwänze bewegen sich dort. Dank der Oberflächenspannung des Wassers wirkt die Wasseroberfläche wie eine elastische Membran. Sie trägt die Insekten und ermöglicht ihnen ihre Fortbewegung. Außerdem nutzen die Insekten die Oberfläche zur Erzeugung von Wellen.

Am eindrucksvollsten ist eine Art Radar der Taumelkäfer. Durch die Verarbeitung von reflektierten Wasserwellen mit Sensoren an ihrer Körperoberfläche, welche die Signale an das Nervensystem weiterleiten, erhalten sie Informationen über die Gestalt ihrer Umgebung, auch bei Dunkelheit. Sie können damit einem unvorhergesehenen, vorbeischwimmenden Hindernis ausweichen. Dieser Mechanismus verhindert auch Kollisionen, wenn Hunderte Käfer eng beieinander schwimmen.

Ebenfalls bemerkenswert ist die Nutzung der Wellen für die Balz einiger Wasserläuferarten. Zunächst ruft das Männchen mit abnehmender Frequenz von 30 bis 10 Wellen pro Sekunde. Ein interessiertes Weibchen antwortet mit einer konstanten Frequenz von circa 25 Wellen pro Sekunde. Das Männchen seinerseits meldet sich daraufhin wieder mit der Frequenz des Weibchens. Bei so viel Übereinstimmung steht der Paarung nichts mehr im Wege.

## » Käfer, die zwei Fremdsprachen beherrschen

Viele Arten von Insekten leben mit Ameisen entweder als Kooperationspartner oder als betrügerische Parasiten zusammen. Die pfiffigsten Betrüger dabei sind wohl Käferarten, die, je nach Art, mehr oder weniger gut die «Sprache» der Ameisen beherrschen. Diese Sprache besteht aus spezifischen Duftstoffen und komplexen Bewegungsritualen, die von Art zu Art der Ameisen variieren und verschiedene Funktionen besitzen.

Die vier wichtigsten Duftstoffe der Ameisen sind: wegweisende Stoffe auf ihren Pfaden, solche, die das Nest als Ganzes kennzeichnen, solche von Jungtieren, die zum Pflegeverhalten anregen (Adoptionsstoffe), und sogenannte Befriedungsstoffe, die das Aggressionsverhalten der Ameisen verhindern.

Käfer der Art *Atemeles pubicollis* besitzen an ihrem Hinterleib Drüsen, die die Befriedungsstoffe der Gattung *Formica* – die bei uns bekannte Waldameise – produzieren. Sie finden daher Einlass in die Ameisennester. Darüber hinaus erzeugen die *Atemeles*-Käfer Adoptionsstoffe, wodurch sie von den Ameisen gepflegt und gefüttert werden, als wären sie Jungtiere. Als wäre dies nicht unverschämt genug, fressen sie die Larven der Ameisen. Wie überleben die Ameisen dies? Die Antwort ist einfach: Die Larven der Käfer fressen auch die Larven ihresgleichen, womit sie ihre Gesamtzahl hinreichend niedrig halten.

Innerhalb des Ameisennestes beherrschen die *Atemeles*-Käfer auch lebenswichtige Rituale, wie zum Beispiel die Bewegung einer Larve, die «Ich bin hungrig» bedeutet. Auf ein fürsorgliches Betasten am hinteren Teil einer Larve durch eine Ameise biegt die Larve ihren Kopf so weit nach hinten, dass sie Mund-zu-Mund-Kontakt mit der Ameise aufnehmen und somit Nahrung bekommen kann.

Das Ganze hat allerdings einen Haken für die *Atemeles*-Käfer: Die *Formica* stellen ihre Brutpflege im Winter ein. Deshalb überwintern die Käfer in Nestern der im Winter aktiven Gattung *Myrmica*, der Roten Ameise. Sie finden die *Myrmica*-Nester durch ihren Geruchssinn und beherrschen zusätzlich deren «Sprache».

Weniger gut ausgestattet sind die Käfer der Gattung *Dinarda*. Sie können zwar den Befriedungsstoff, aber nicht den Adoptionsstoff der *Formica*-Ameisen aussenden. Deshalb müssen sie sich von toten Ameisen und anderem Müll ernähren. Gelegentlich stehlen sie Futter, das von den Ameisen in das Nest gebracht wird. Dabei beruhigen sie ihre Wirte durch den Befriedungsstoff. Wiederum anders verhält sich der Glanzkäfer *Amphotis marginata*, der keinen Befriedungsstoff produziert. Er kann die Pfade der Ameise *Lasius fuliginosus* durch ihren Duft finden. Er überfällt die Ameisen dort und raubt ihnen so ihre Nahrung. Wird der Käfer von den Ameisen angegriffen, zieht er die Beine ein und schützt sich wie eine Schildkröte mit seinem Panzer.

TRAU KEINEM

## » Schöne Bläulinge sind fleischfressende Verräter

Mehr als ein Drittel der Tagfalter gehören zur Familie der Bläulinge. Wie konnten sich ausgerechnet diese Falter so gut durchsetzen? Ganz einfach: Viele Arten gingen eine Symbiose mit Ameisen ein. Keine leichte Aufgabe, denn eigentlich fressen Ameisen sehr gern die Raupen von Faltern. Doch die Bläulinge und ihre Raupen senden bestimmte Duftstoffe – die Allomone – aus, die beruhigend auf die Ameisen wirken. Zum anderen geben die Raupen vieler Arten von Bläulingen ein zuckerhaltiges Sekret ab, das den Ameisen als Nahrung dient. Für die Ameisen ist das ein hervorragendes Geschäft: Mit dem süßen Sekret aus der Produktion von 200 Raupen des europäischen Silberbläulings können bis zu 1000 Ameisen vom Ei bis zum fertigen Insekt aufgezogen werden. Als Gegenleistung bieten die Ameisen den Raupen Schutz vor Feinden. Manche Ameisenarten, z. B. *Lasius niger*, bauen sogar besonders sichere Erdpavillons nur für Silberbläulingsraupen. Die Raupen des südostasiatischen Bläulings *Anthene emulus* wachsen im Nest der Weberameise *Oecophylla smaragdina* auf und werden von den Ameisen zum Fressen an junge Blätter getragen. Häufig hätten die Bläulinge ohne die Ameisen überhaupt keine Überlebenschance.

Aber auch in derart stabile Geschäftsbeziehungen schleichen sich gelegentlich unlautere Gesellen ein. Die Raupen mancher Bläulingsarten, zum Beispiel der Bläuling *Allotinus unicolor* aus Malaysia, sind schlicht Schmarotzer. Sie setzen ihre beruhigende Substanzen ein, erzeugen jedoch keine Zuckerlösung für die Ameisen. Und so frisst die fleischfressende Raupe des Bläulings, unbehelligt von den Ameisen, massenweise Blattläuse, von deren Ausscheidungen, dem sogenannten Honigtau, sich doch die Ameisen ernähren wollten. Doch dies ist nicht alles: Auch der erwachsene Schmetterling kann einen solchen Duftstoff erzeugen. Auch er kann die Blattläuse «melken».

Aber es kommt noch schlimmer: Die Raupe des Großen Moorbläulings *Maculinea teleius* begleitet Ameisen zum Nest und gibt ihnen dabei Zuckerlösung zur Besänftigung ab. Im Nest angekommen, ist damit Schluss. Die Abgabe der Zuckerlösung wird eingestellt und durch die beruhigenden Allomone ersetzt.

Ab sofort kann sich die Raupe unbehelligt direkt von den Larven der Ameisen ernähren. Und damit der Schwindel nicht auffliegt, bettelt sie ähnlich wie die Ameisenlarven um Futter und bekommt es tatsächlich auch. Der Erfolg der Bläulinge aufgrund ihrer ameisenbetörenden Ausscheidungen hat aber eine Schattenseite: Stirbt eine Ameisenart aus, so geht auch die von ihr abhängige Bläulingsart zugrunde. In England starb in den Siebzigerjahren auf diese Weise der

Schwarzgefleckte Bläuling (*Maculinea arion*) aus. Auch in anderen Landstrichen Europas stehen durch das weitverbreitete Ameisensterben viele Bläulingsarten auf der Roten Liste.

KLEIDERWECHSEL

## » Die Chamäleon-Spinne

Die Veränderliche Krabbenspinne *Misumena vatia* ist dafür bekannt, dass sie, je nach Umgebung, gelb, weiß oder gelbgrün erscheinen kann. Solch eine Eigenschaft besitzt auch die Krabbenspinne *Thomisus onustus*. Sie kann die Farbe Gelb oder Weiß annehmen und sogar auch purpurstreifiges Rosa, wenn sie sich auf rosa Blüten mit purpurnen Blattnerven befindet.

Durch diese Farbwechsel tarnen sich die Spinnen vor ihren Feinden, z. B. den Schlupfwespen, sowie vor ihrer Beute, z. B. den Schwebfliegen, Bienen, Hummeln, Wespen oder Käfern. Die Spinnen können sowohl ihre Umgebung als auch sich selbst mit ihren vielerorts platzierten Augen sehen. Auf diese Weise ändern sie ihre Farbe durch Pigmente, die sie aus ihren Beutetieren entnehmen, einlagern und bei Bedarf auf ihre Oberfläche bringen. Auch manche Libellenarten z. B. die Westliche Geisterlibelle *Boyeria Irene* können sich dem Helligkeitswert des Hintergrunds anpassen.

AUFOPFERNDES SOZIALVERHALTEN

## » Das Zuhause verlassen, um zu sterben

Es gibt soziale Insekten, die ihr Nest verlassen, wenn sie krank werden. Dieses angeborene Verhalten soll eine Ansteckung ihrer Nestgenossen verhindern. Bei Ameisen der Art *Temnothorax unifasciatus* wurde beobachtet, dass, wenn eine Infektion mit dem Pilz *Metarhizium anisopliae* auftritt – was gelegentlich vorkommen kann –, die meisten kranken Tiere das Nest verlassen, um so weit weg wie möglich vom Nest entfernt zu sterben. Ähnliches wurde bei Honigbienen beobachtet, die von *Varroa*milben befallen waren. Kritiker wandten ein, dass man dieses Verhalten auch anders als durch instinktives Sozialverhalten erklären kann: Die Fähigkeit zur Orientierung sei durch den Befall so verändert worden, dass kranke Tiere den Weg ins Nest nicht zurückfinden. Dies wiederum konnte wiederlegt werden, indem gezeigt wurde, dass kranke Tiere im Durchschnitt doppelt so schnell das Nest verlassen wie gesunde. Zudem fand man heraus, dass sie viel kürzere Zeit im Nest bleiben als gesunde, wenn man sie in das Nest zurückbringt, auch wenn man sie vorher mit Zucker sätttigt, sodass sie keinen Grund haben, auf Nahrungssuche zu gehen. Doch soziale Insekten verlassen ihr Nest nicht nur zum Sterben, sondern auch, um sozusagen «in Kur zu gehen». Die Dunkle Erdhummel *Bombus terrestris* übernachtet außerhalb ihres Nestes, wenn sie von parasitären Fliegenlarven befallen ist. Dort kann die Kälte die Entwicklung der Parasiten aufhalten.

DIE KINDER HELFEN DEN ELTERN

## » Ackerbau bei den Ambrosiakäfern

Es gibt vier unabhängige Gruppen im Tierreich, die Ackerbau betreiben: die Menschen, die Termiten, die Ameisen und die sogenannten Ambrosiakäfer. Die letzten drei Gruppen züchten Pilze in ihren Behausungen, um sich und ihre Brut damit zu ernähren.

Bei den Ambrosiakäfern handelt es sich um Borkenkäfer, die ihre Holzgänge mit Pilzen der Gattung *Ambrosiella* tapezieren. Die Sporen dieser Pilze haben die Käfer in ihren Mägen zum Anpflanzen parat. Besonders gut untersucht ist der in Mitteleuropa vorkommende Borkenkäfer der Art *Xyleborinus saxeseni.*

Verblüffend bei den Ambrosiakäfern ist die Kooperation der Larven mit den erwachsenen Tieren. Dabei müssen die Larven nicht transportiert werden, wie zum Beispiel bei den Ameisen, da die Larven sich selbstständig bewegen und somit eigenständig mitarbeiten können.

Wie helfen die Larven der Ambrosiakäfer ihren Eltern? Eine für sie passende Arbeit ist die Erweiterung der Gänge im Holz, denn diese Tätigkeit erzeugt einen starken Verschleiß der Mundwerkzeuge, die aber bei den Larven bei jeder Häutung vollständig erneuert werden. Ansonsten kümmern sich die Larven um die Müllentsorgung. Dafür komprimieren sie Exkremente, Holzreste, tote Wohngenossen usw. zu Kugeln. Diese Kugeln werden dann sowohl von den Larven wie auch von den Erwachsenen nach außen getragen. Allerdings stehen die Ausgänge unter strenger Obhut von erwachsenen Käfern. Sie sind mit Holzmehl verschlossen, können aber auch geöffnet werden, um akribisch die Wärme und die Luftfeuchtigkeit zu regulieren. Diese Regulation ist lebenswichtig, da die Pilze nur in einem wohldefinierten Milieu gedeihen. Die Kontrolle der Ausgänge ist auch insofern von Bedeutung, als dass die Larven sich nicht davor scheuen, auf Nimmerwiedersehen die Gänge zu verlassen.

Wenn immer sich Erwachsene oder Larven treffen, dann säubern sie sich gegenseitig von Pilzen auf ihren Körpern. Der Zusammenhalt der Familie geht so weit, dass 90 % der Paarungen zwischen Geschwistern stattfinden. Die restlichen 10 % verlassen das Nest, um sich woanders einen Partner zu suchen. Die Aufgabe der Männchen, die kleiner sind als die Weibchen und nur bis zu 12 % der Gesamtpopulation ausmachen, beschränkt sich auf das Säubern von Weibchen und auf die Kopulation. Allerdings kommt es in 2 % der Fälle vor, dass eine Gemeinschaft von einem unbefruchteten Weibchen gegründet wird und der Nachwuchs dann nur aus Männchen besteht. In solchen Fällen sind die Männchen auch in jenen Aufgaben mit vollem Einsatz tätig, die ihnen in den von Weibchen dominierten Gemeinschaften verwehrt sind.

DER SCHWARM

## » Tausend Männchen beim Tanz

Mehrere Arten von Fliegen bilden sogenannte Tanzschwärme, wie man sie häufig an lauen Abenden beobachten kann. Die Weibchen fliegen in den Schwarm hinein und werden begattet.

Interessant ist, dass sich diese Schwärme oft oberhalb von bestimmten Markierungen bilden, etwa über großen Steinen oder Pflanzen. Solche Markierungen helfen den Tanzenden dabei, sich wieder am ursprünglichen Versammlungsort zu treffen, wenn sie durch Wind auseinandergetrieben wurden. Wenn unterschiedliche Arten tanzen, helfen diese Markierungen dabei, dass sich die Schwärme nicht zufällig vermischen. Und dass die Weibchen wissen, zu welchem Schwarm sie fliegen müssen. Unter Umständen können die Schwärme eine Höhe von bis zu hundert Metern erreichen. Ist die Witterung für hohe Schwärme günstig und die Markierung ein Haus, so können sie wie Rauch aussehen, und es gibt anekdotische Berichte, dass aufgrund eines Schwarms die Feuerwehr gerufen wurde.

Es war lange Zeit ein Rätsel, warum Tag für Tag die gleichen Markierungen benutzt werden. Der Rekord für die Dauer einer «Markierungstreue» sind achtzehn Jahre. Ein Gedächtnis der Mücken kann unmöglich der Grund sein. Mücken leben bestenfalls ein Jahr. Heute weiß man, dass für die Standortwahl des tanzenden Männchenschwarms verschiedene Kriterien ausschlaggebend sind: z. B. hohe Sonneneinstrahlung, Schutz vor Wind sowie Nähe zu ihrem sonstigen Lebensraum, wo sich ja auch die anzulockenden Weibchen aufhalten.

Bei Zuckmücken hängt die Höhe des Schwarms von der Witterung ab: Er fliegt umso tiefer, je kühler und windiger es ist. Schwalben, die die Mücken jagen, wirken deshalb sozusagen wie Wetterfeen.

Bei den Tanzfliegen der Gattungen *Empis* ist alles anders: Die Weibchen tanzen und die Männchen fliegen in den Schwarm. Bei einigen Arten übergibt das Männchen dem Weibchen als «Hochzeitsgeschenk» ein Insekt. Bei *Empis opaca*, einer Tanzfliegenart, beobachtet man gelegentlich, dass geschickte Männchen das Geschenk nach der Paarung wieder mitnehmen, um es einem anderen Weibchen zu überreichen. Wiederum bei anderen Arten werden die Männchen während der Paarung von den Weibchen tödlich ausgesaugt.

PRIORITÄTEN SETZEN

## » Erst die Leiche, dann die Liebe

Ist es Ihnen schon passiert, dass Sie in Ihrem Garten eine tote Maus entdeckten, die am nächsten Tag einfach nicht mehr aufzufinden war? Sie wurde vermutlich von Totengräberkäfern (Gattung *Necrophorus*) begraben. Solch ein Begräbnis ist ein erstaunlicher Vorgang, vor allen Dingen, was die Kooperation der Geschlechter angeht. Zunächst wird das tote Tier von einem alleinstehenden Männchen oder Weibchen entdeckt und in die Nähe eines von diesem gegrabenen Loch transportiert. Dies lockt einen Käfer des anderen Geschlechts an. Das Pärchen arbeitet perfekt zusammen: beim Hineinziehen in die Grabhöhle, beim Zerbeißen und Biegen der Beute, die die beiden anschließend zu einer Kugel formen, und bei der Fütterung der Larven mit erbrochenem Brei. Letzteres allerdings erst später. Sex findet nämlich erst dann statt, wenn die Beute kugelig geformt und in der Höhle begraben ist.

Das Verblüffendste ist der Transport der Beute. Ein wenige Gramm wiegender Käfer kann einen Vogel oder ein Nagetier von bis zu 100 Gramm wegschaffen. Er legt sich auf dem Rücken und benutzt die Hebelwirkung seiner Beine. Das Tier ist immer noch zu groß und zu schwer? Kein Problem. Er schneidet es passend. Unerwartete Hindernisse auf dem Weg (Forscher spannten beispielweise eine Schnur über die Beute)? Der Käfer presste sich dann mit dem Rücken aufwärts und stehend auf der Beute unter die Schnur, um wieder die Hebel seiner Beine wirken zu lassen. Auch dass ein Bein des Opfers festgebunden wurde, war kein Hinderungsgrund. Einige Stunden später fanden die Forscher nur noch Reste der zerbissenen Schnur.

ZU KOSTBAR

## » Der männliche Samen ist nicht zum Essen da

Viele Weibchen von Insekten und Spinnen lecken nach der Kopulation an ihrer Genitalöffnung, um sich an dem nahrhaften Samen zu erfreuen. Deshalb hat die Evolution Strategien entwickelt, um dem Samen genug Zeit zu geben, in das Körperinnere der Weibchen zu gelangen.

Die brutalste Strategie ist die der Schwarzen Witwe, einer Spinne, die deshalb so heißt, weil das Weibchen das Männchen während der Paarung frisst. Doch das Fressen des bis zu 50-mal leichteren Männchens dient nach neueren Untersuchungen weniger der Nahrungszufuhr, sondern entspricht einem Instinkt, durch den das Weibchen nicht in Versuchung gebracht werden soll, sich an den für ihre Art wichtigen Samen heranzumachen, bevor dieser in sie eindringt.

Eine friedlichere Strategie ist die der Baumgrillen, z. B. des Weinhähnchens *Oecanthus pellucens*. Dabei saugt das Weibchen bis zu zwanzig Minuten lang ein nahrhaftes Sekret aus einer Drüse im Rücken des Männchens. Diese Maßnahme gibt den Spermien genug

Zeit, um von einem am Weibchen baumelnden Samenpaket sicher in die weibliche Samentasche zu kommen. Falls Weibchen noch ein zweites Männchen finden, dann paaren sie sich noch einmal, um an mehr Samen für den Nachwuchs und an die Nährstoffe aus der Rückendrüse eines weiteren Männchens zu gelangen. Männchen, die keine Partnerin finden, fressen ihre eigenen Samenpakete.

Bei der amerikanischen Grille *Hapithus agitator* wird eine andere Strategie benutzt. Das Männchen dieser Grille erlaubt dem Weibchen circa zehn Minuten lang, an seinen Vorderflügeln zu knabbern, wobei diese teilweise zerstört werden. Anders wiederum agieren die Grillen der Art *Orocharis saltator*, und zwar sozusagen «am Fließband». Ein Pärchen kopuliert mindestens zwanzigmal hintereinander, jeweils mit einem Samenpaket, das so klein ist, dass es schnell entleert wird. Nach jeder Kopulation frisst das Weibchen die Hülle des fast leeren Samenpakets der vorherigen Kopulation. Diese mehrteilige Prozedur kann über drei Stunden dauern.

Bei vielen Heuschreckenarten haftet zwar auch ein Samenpaket an der Genitalöffnung des Weibchens, doch dahinter hinterlässt das Männchen noch einen Ballen, den Spermatophylax oder «Samenwächter», der keine Spermien, sondern nur ein nahrhaftes Sekret enthält. An diesem Leckerballen kann sich das Weibchen nach der Kopulation erfreuen, während das Samenpaket entladen wird.

FÜR ALLE FÄLLE

## » Ein Penis bleibt drin, der andere wird mitgenommen

Es ist allgemein bekannt, dass Spinnenweibchen oft das Männchen nach der Paarung fressen. Das Männchen der südostasiatischen Radnetzspinne *Nephilengys malabarensis* hat eine Maßnahme dagegen entwickelt: Es verlässt das Weibchen noch während der Kopulation, was nur möglich ist, wenn es sein Kopulationsorgan (Pedipalp) abtrennt und im Weibchen stecken lässt.

Was sind die Konsequenzen? Die Sache ist gar nicht so tragisch, da ein Männchen über zwei Pedipalpen verfügt, sodass es noch einmal kopulieren kann. Doch wie kann man die unglaubwürdige Geschichte dieser zwei Penisse erklären? Ganz einfach: Die Kopulationsorgane der Spinnen sind eigentlich zwei kleine Glieder in ihrem Kopfbereich, die auch als Tastorgane dienen. Die Spitze dieser Glieder wird von dem Spinnenmännchen vorher mit Samen aus seinem eigentlichen Geschlechtsteil «aufgeladen». Das Geschlechtsteil selbst kann es zur Kopulation nicht benutzen.

Nach der Trennung eines Pedipalps befinden sich auch noch zwei Drittel der Spermien in ihm, und diese werden nach der Flucht des Männchens an das Weibchen übertragen. Zudem wird die Geschlechtsöffnung des Weibchens durch den Pedipalp verschlossen, was die Einführung von Spermien eines Rivalen sehr erschwert. Darüber hinaus lößt die Abtrennung des Geschlechtteils beim Männchen, insbesondere wenn es sich um den letzten noch verbliebenen Pedipalp handelt, ein chemisch-biologisch bedingtes, aggressives Verhalten gegenüber Rivalen aus, falls diese den Verschluss des weiblichen Genitals zu entfernen versuchen. Die schlechte Nachricht für die Männchen ist, dass trotz ihrer evolutiven Errungenschaft ca. 60 % der Weibchen es doch schaffen, das Männchen vor seiner Flucht zu fressen.

NICHT OHNE GESCHENK

## » Damenwahl bei Laubheuschrecken

In der Insektenwelt ist es meistens so, dass die Männchen um die Weibchen werben und zwei Männchen manchmal um ein Weibchen kämpfen. Dies liegt daran, dass die Weibchen nach der Kopulation einen hohen Wert haben. Sie bilden und legen die Eier und pflegen häufig die Brut. Sie können, im Gegensatz zu den Männchen, ihre Energiereserven nicht in Kämpfen oder Werbeaktionen opfern.

Darryl Gwynne aus Ontario, Kanada, und Leigh Simmons aus Liverpool, England, fanden 1990 heraus, dass bei einer Unterfamilie der Laubheuschrecken, der *Zaprochilinae* (z. B. *Kawanaphila nartee*), die Rollen von Männchen und Weibchen auch umgekehrt verteilt sein können. Der Grund? Normalerweise ernähren sich die *Zaprochilinae* von Pollen. Nach der Begattung hinterlässt das Männchen außer seinem Samenpaket auch ein Nahrungspaket im Geschlechtsorgan des Weibchens. Wenn nun Pollen knapp wird, dann ist das Nahrungspaket der Männchen so wertvoll, dass Kämpfe zwischen Weibchen bzw. ein stark wählerisches Verhalten seitens der Männchen zur Norm wird. Bei ausreichendem Pollenangebot kehrt sich allerdings das Verhalten der Geschlechter wieder um.

MACHOS

## » Prostitution bei Wildbienen

Nordamerikanische Wildbienen der Gattung *Anthidium* zeichnen sich durch ein seltenes Verhalten aus, nämlich durch Polyandrie, auf deutsch Vielmännerei. Ein Männchen dieser Wildbienen bildet ein streng bewachtes Territorium in Regionen, die meistens von Blumen der Gattung *Monarda* (Indianernessel) bewachsen sind. Jedes Territorium ist bis zu 10 Quadratmeter groß. Die Weibchen fliegen von Territorium zu Territorium, bedienen sich der Blüten und stehen dabei den jeweiligen Herrschern zur Kopulation zur Verfügung. Durchschnittlich verbleibt ein Weibchen 30 Minuten in einem Gebiet. Während es dort von Blume zu Blume fliegt, wird es vom «Landbesitzer» verfolgt und kopuliert mit ihm etwa alle 6 Minuten. Dabei dauert eine Kopulation circa 30 Sekunden. Kleinere Männchen, die es nicht schaffen, ein Territorium zu bewachen, halten sich an den Randgebieten auf und kommen auch ab und zu zum Zuge, und zwar immer dann, wenn der «Landbesitzer» nicht richtig aufgepasst hat.

Der Terminus «Prostitution» wurde in der Literatur vom Ornithologen Larry Wolf im Zusammenhang mit Kolibris eingeführt, die ein ähnliches Verhalten zeigen. Was ist der Zweck dieses Verhaltens? Ganz eindeutig wird durch mehrere Väter die genetische Vielfalt der Nachkommenschaft erhöht. Diese Vielfalt macht die Art anpassungsfähiger bei veränderten Umweltbedingungen. Und schließlich sparen die Weibchen die Energie, die sie brauchten, um fremde Männchen abzuwimmeln, wenn sie monogam wären. Außerdem können sie sich konkurrenzlos der besten Blumen bedienen. Die Männchen sparen ihrerseits Energie, da sie die Weibchen nicht aggresiv als Eindringlinge verfolgen.

RAFFINIERTE LEUCHTKÄFER

## » Hinterlistige Weibchen fressen Männchen

Leuchtkäfer, auch Glühwürmchen genannt, können Licht durch eine chemische Reaktion erzeugen. Dabei reagiert Luciferin mit Sauerstoff in Anwesenheit des Enzyms Luciferase. Im Hinterleib besitzen die Käfer ein Organ, das aus drei Schichten besteht: eine glasige Oberfläche, eine lichterzeugende Zellschicht und eine Art reflektierender Spiegel.

Die Weibchen halten sich am Boden auf. Die Männchen fliegen herum und senden dabei eine Art «Lichtgesang» aus. Dieser ist eine Folge von Signalen, wobei jedes Signal aus vielen kürzeren Blitzen besteht. Die Zahl der Blitze pro Signal sowie die Periode der Signale dienen als Unterscheidungsmerkmal der verschiedenen Arten. Die

Antwort der Weibchen am Boden besteht aus einer artspezifischen Wartezeit, gefolgt von einer ebenfalls artspezifischen Blitzfolge.

Weibchen der Gattung *Photuris* können bis zu fünf Codes anderer Arten fälschen, um die angelockten Männchen zu fressen. Dabei nehmen sie nicht nur Nahrung auf, sondern auch sogenannte Lucibufagine, die manche Gattungen, im Gegensatz zu anderen nicht besitzen. Lucibufagine machen sie für ihre Feinde, z. B. Spinnen oder Vögel, ungenießbar.

Die *Photuris*-Opfer haben allerdings im Lauf der Evolution Wege gefunden, um die hinterlistigen Weibchen auszutricksen. So präsentieren sie zunächst den Weibchen die Codes von Männchen verschiedener anderer Arten, um ihre entsprechenden, unterschiedlichen Antworten wahrzunehmen und damit ihre «kriminelle Schlauheit» zu testen. Oder sie verzichten ganz aufs Leuchten und paaren sich tagsüber wie im Fall der Art *Lucidota atra*.

MASKERADEN

## » Männchen-Männchen-Paarungen bei Insekten

Männchen-Männchen-Paarungen, entweder durch Vergewaltigung oder nach einer Balz, sind bei mindestens hundert Insektenarten bekannt. Für derartige Paarungen gibt es zwei Erklärungen. In einigen Fällen vermutet man Verwechslungen, weil Männchen und Weibchen schwer zu unterscheiden sind. Ansonsten kursiert die Hypothese, dass ein Männchen A seinen Samen in ein Männchen B deponiert, damit B bei einer Paarung mit einem Weibchen die Gene von A weitergibt.

Diverse Beobachtungen unterstützen beide Erklärungen, je nach der untersuchten Insektenart. So scheint die Verwechslungshypothese für den sogenannten Japankäfer *Popillia japonica* zu gelten. Vergewaltigungen finden bei diversen Wanzenarten statt. Die für diese Tiere gängige Vergewaltigung findet sowohl zwischen Männchen und Weibchen als auch zwischen Männchen und Männchen satt. Dabei wird der nadelartige Penis durch den Panzer des Weibchens oder des vergewaltigten Männchens in die Genitalgegend gestochen.

Die Gruppe um Sara Lewis von der Tufts Universität in Maryland vermutet, dass für den Mehlkäfer *Tribolium castaneum* die zweite Hypothese, nämlich die mit der sogenannten «Samenversendung» zutrifft.

Das besondere Verhalten beim Weibchen des Rüsselkäfers *Diaprepes abbreviatus* wird dadurch erklärt, dass ein männchenimitierendes Weibchen Männchen anzieht, die das vermeintliche Männchen aus Rivalitätsgründen verdrängen möchten. Sie sucht sich dann einen ihrer «Rivalen» aus, nimmt ihr weibliches Verhalten wieder an und hat eine Chance, sich mit ihm zu paaren. Dies alles tut sie allerdings nicht, wenn sie ohne Umwege, einfach als Weibchen, vorher erfolgreich war.

KINDERBRÄUTE

## » Paarung mit Puppen

Der Entomologe William Henry Edwards (1822–1909) berichtete 1881 in der Zeitschrift *Papilio* über ein merkwürdiges Phänomen: Männchen der Falter-Gattung *Heliconius* öffnen und umklammern die Puppen ihrer Art. Man dachte zuerst an eine Art Geburtshilfe oder an das Trinken von Säften von kürzlich gestorbenen Puppen. Doch dann fand man heraus, dass die Männchen circa zwei bis drei Stunden vor dem Schlüpfen die Puppenhülle durchbrechen, um sich mit der schon empfänglichen Puppe zu paaren. Dafür suchen sie schon eine Woche vor dem Schlüpfen die Nähe der Puppen und vertreiben Rivalen. Dies kommt bei 42 % der *Heliconius*-Arten und sonst nur bei einer anderen

Gattung, nämlich beim Bläuling *Jalmenus evagoras*, vor. Besonders interessant ist der Fall von *Heliconius erato*. Dieser Falter überträgt nicht nur seine Samen auf die Puppe, sondern auch ein abstoßend riechendes, sogenanntes Antiaphrodisiakum, um weitere Männchen zu verscheuchen, die eine zusätzliche Samenladung abliefern könnten. Dieses Antiaphrodisiakum hat aber noch eine zweite Funktion: In vielen Fällen versuchen Männchen mit männlichen Puppen zu kopulieren, weil die Puppen beider Geschlechter die gleiche Form und Farbe haben. Nach so einer misslungenen Paarung eines Männchens mit einer männlichen Puppe hinterlässt das Männchen das Antiaphrodisiakum an der Puppe, um zu verhindern, dass andere Männchen sinnlos Energie verschwenden: ein überaus solidarisches Vehalten, das der Art zugute kommt.

BLÜTEN UND BESTÄUBER

## » Verliebt in Orchideen

Es war lange Zeit ein Rätsel, warum einige Orchideenblüten den Körpern von Bienen oder Wespen in Form und Farbmustern zum Verwechseln ähnlich sehen. Auch ihre Oberflächenbeschaffenheit, z. B. der Haarstrich, ähnelt dem dieser Insekten. Manche Blüten weisen sogar falsche Insektenfühler auf. Erst um 1917 entdeckte der Franzose Pouyanne, dass die Orchideen damit männliche Wildbienen betrügen, um durch vermeintliche Kopulation bestäubt zu werden. Der Betrug geht sogar so weit, dass die Orchideen Duftstoffe erzeugen, die nach attraktivem Nektar riechen. Auf der Suche nach nicht vorhandenem Nektar in der Blüte werden Pollen auf die Tiere übertragen und so zur nächsten Blüte weitergetragen.

Neben Duftstoffen, die nach Nektar riechen, senden die Blüten auch einen Sexuallockstoff aus, um Bienen anzuziehen. Dieser Lockstoff besteht aus 14 Substanzen, deren Mischung von Blüte zu Blüte innerhalb einer Orchideenart etwas variiert. Die Männchen merken sich den Geruch einer bereits «eroberten» falschen Partnerin, um keine Zeit damit zu vergeuden, ein «Weibchen» zu umwerben, mit dem sie sich bereits fälschlicherweise gepaart haben. Auf diese Weise wird ein Männchen dazu verleitet, unterschiedliche Blumen zu besuchen. Hinzu kommt noch, dass der falsche Lockstoff jeder Orchideenart, abgesehen von den gerade erwähnten kleinen Variationen, nur das Weibchen einer ganz bestimmten Bienenart nachahmt, um zu verhindern, dass es zu sinnloser Bestäubung zwischen Orchideen verschiedener Arten kommt. Ein Beispiel für diesen Sexbetrug liefert die europäische Orchideenart *Ophrys iricolor* (Regenbogen-Ragwurz) mit der Sandbiene *Andrena morio*.

Bei Hunderten von Wildbienenarten schlüpfen die Männchen mehrere Tage vor den Weibchen aus ihren Puppen. Die Orchideen haben sich dieser Situation angepasst, indem ihre Blüten genau in jenen Zeiten entstehen, in denen es noch keine Weibchen gibt.

Einige Orchideenarten imitieren nicht Weibchen, sondern Männchen mit stark territorialem Verhalten. So ziehen sie revierverteidigende Männchen an. Diese Männchen stürzen sich kämpfend auf die vermeintlichen Rivalen und sammeln dabei Pollen für die Orchideenbestäubung. In anderen Systemen wiederum, wird diese Situation von den Bienen genutzt. Es handelt sich dabei um Männchen der sogenannten Prachtbienen (Gattung *Euglossini*), die die von Orchideen produzierten Sexuallockstoffe in speziellen Taschen an ihren Hinterbeinen lagern und sich damit einen Vorteil bei der Suche nach einem Weibchen sichern.

Einen ganz besonderen Trick benutzen die aus Südchina stammenden Orchideen der Art *Dendrobium sinense*. Der Geruchsstoff, den sie abgeben, riecht wie ein Stoff, den die Bienen aussenden, um miteinander zu kommunizieren. Die Hornisse *Vespa bicolor* füttert ihre Larven mit Bienen und wird, bei der Suche nach Opfern, durch diesen Stoff angelockt. Beim Versuch, im Zentrum der Blüte eine nicht vorhandene Biene zu fangen, lagert die Hornisse genug Pollen an, um die nächste besuchte Orchidee zu bestäuben. Es wurde erwogen, diese Orchideen in der Nähe von Bienenstöcken anzupflanzen. Damit könnte man die Hornissen dahin locken, sie dort töten und so verhindern, dass sie die Bienennester überfallen.

Noch komplexer ist das Spielchen, das die Orchidee *Epipactis helleborine* mit der Wespe *Vespula germanica* treibt. Andere nicht orchideenartige Pflanzen, die von Raupen angegriffen werden, senden einen Duftstoff aus, der Wespen anlockt, damit diese ihre Eier in die Raupen legen können. Dies schützt die Pflanzen vor Raupenfraß und ermöglicht dabei die Vermehrung der Wespen. Die Orchidee macht sich diese fremde Kooperation zunutzen, indem sie den Hilferuf-Duftstoff der fremden Pflanzen aussendet, aber nur mit dem Ziel, bestäubt zu werden.

NÖTIGUNG

## » Wasserläufer setzen Weibchen unter Druck

Statt mit einer eleganten Balz zu werben, vergewaltigen die Männchen von Wasserläufern der Gattung *Gerris* ihre Auserwählten auf eine schockierende Art: Sie drohen den Weibchen damit, dass sie von Räubern gefressen werden. Zunächst muss man dazu sagen, dass die Weibchen dieser Art normalerweise ihre Genitalöffnung unerreichbar in einer Körperhülle und dazu noch in einem zusammengeklappten Organ tragen. Zur Paarung stellt sich das Männchen auf ein Weibchen, das auf dem Wasser läuft. Öffnet das Weibchen sein Genitalorgan nicht, so fängt das Männchen an zu wippen, sodass Wellen auf dem Wasser entstehen. Dies lockt Räuber im Wasser an, zum Beispiel Wasserkäfer oder Fische. Am stärksten gefährdet dabei ist natürlich das auf der Oberfläche stehende Weibchen. Wenn es sich nicht willig zeigt, wird es von den Räubern gefressen. Das Männchen hindert es sogar daran, zu fliehen. Die Erpressungsparole lautet also: «Nun lass mich ran, sonst wirst du gefressen.» Eine ausgefeilte Strategie muss allerdings schon sein: Das Männchen muss genau taktieren und seine Aktion in hinreichender Ferne von Räubern vollziehen, sodass die Auserwählte genug Zeit hat auf das rüde Angebot einzugehen. Denn es hätte keinen Sinn für das Männchen seinen Samen abzugeben, wenn das Weibchen danach doch gefressen wird.

MASKENBALL AUF DEM MISTHAUFEN

## » Ich bin nicht was ich scheine

Kurzflügelkäfer der Art *Leistotrophus versicolor* leben gern auf Misthaufen, nicht etwa weil sie eine Vorliebe für Mist haben, sondern weil sie sich von den Fliegen ernähren, die von dem Mist angezogen werden. Stärkere Männchen verteidigen besonders große Misthaufen und profitieren auch davon, dass viele Weibchen von einem Haufen angelockt werden. Gelegentlich macht ein anderes starkes Männchen dem Haremshalter sein Reich streitig und es kommt zu erbitterten Kämpfen, bis einer der Kontrahenten aufgibt. Kleinere Männchen haben eine raffinierte Methode, um auf dem Misthaufen eine Chance zu haben: Sie führen weibliche Balzbewegungen aus. Dabei müssen sie geschickt den Annährungsversuchen des Haremshalters ausweichen und gleichzeitig herumschleichen, um Fliegen zu fressen und Weibchen zu begatten.

Doch eine Lüge kommt selten allein. Die *Leistotrophus*-Käfer verfügen über Drüsen, die ein Sekret produzieren, das wie Kot riecht. In Ermangelung eines Misthaufens können sie damit Fliegen anziehen und sich gut so ernähren.

SICHER IST SICHER

## » Keuschheitsgürtel

Viele Insekten und Spinnentiere verschließen die Genitalöffnung des Weibchens mit einem Sekret, das weitere Kopulationen verhindert. Beispiele sind der Apollofalter *Parnassius apollo*, die Dunkle Erdhummel *Bombus terrestris* und der Skorpion *Vaejovis punctatus*. Bei der Wespenspinne *Argiope bruennichi* und der im Jemen lebenden Spinne *Tidarren argo* bricht das Männchen sogar seinen Penis ab, damit dieser als Propfen im Weibchen verbleiben kann, ein «weises» Opfer angesichts dessen, dass das Männchen meistens sowieso vom Weibchen nach der Paarung gefressen wird.

Das Männchen des großen Kohlweißlings *Pieris brassicae* hinterlässt beim Weibchen einen «chemischen Keuscheitsgürtel», nämlich Benzylcyanid. Dieser Stoff verwandelt das Weibchen in eine wahre «Stinkbombe», die auf jedes Männchen unattraktiv wirkt.

EINSATZ DER ALTEN

## » Was machen Insekten nach den Wechseljahren?

Es ist keineswegs selbstverständlich, dass Tiere überhaupt Wechseljahre, d. h. einen Übergang zu einer Zeit, in der sie nicht mehr fortpflanzungsfähig sind, haben. Menschen sind die einzigen Primaten mit Wechseljahren. Sonst wären unter den Säugetieren nur noch die Grindwale und die Orcas zu nennen. Der Sinn eines Stillstands der Fortpflanzungsfähigkeit in diesen Fällen ist, das Erlernte dem Nachwuchs, einschließlich der Enkel, ohne die Umstände von Geburt und Säuglingspflege, weiterzugeben. Zu weiteren Ausnahmen in der Tierwelt gehören erstaunlicherweise Insekten. Eine dieser Ausnahmen ist die in Japan lebende königinlose Ameise *Pristomyrmex pungens*.

Ihre Vermehrung geschieht durch Parthenogenese (aus dem altgriechischen *parthenos*, die «Jungfrau», und *genesis*, die «Entstehung»). Es handelt sich dabei um Weibchen, die sich nicht sexuell fortpflanzen. Unter ihnen gibt es zwei Formen von ausgewachsenen Ameisen, und zwar einerseits die jungen, fortpflanzungsfähigen Tiere, welche im Nest leben, und andererseits die älteren, nicht mehr fortpflanzungsfähigen Tiere, die außerhalb des Nests auf Futtersuche gehen. Der Übergang der jüngeren zur älteren Form geschieht nach 40 bis 100 Tagen durch eine genetisch gesteuerte Verdauung der Eierstöcke.

Auch unter Bienen und Wespen gibt es «Wechseljahre», und zwar bei der Holzbiene *Xylocopa pubescens* und der Papierwespe *Polistes fuscatus*. In den Nestern dieser Insekten herrschen regelrechte Machtkämpfe zwischen den Weibchen. Sie sind dabei hormonell so flexibel, dass schwächere Tiere durch den Kampf zu einer Funktionsänderung manipuliert werden können. Ihre «Wechseljahre» werden also erzwungen und führen zur Wandlung von einem fortpflanzungsfähigen Weibchen zu einer Arbeiterin. Im Falle von *Xylocopa pubescens* ist die neue, auferzwungene Pflicht eines Weibchens die einer Wächterin gegen Eindringlinge.

Einige Nachtfalter aus der Familie der Pfauenspinner (*Saturniidae*), wie etwa die der Gattungen *Lonomia* und *Automeris*, verbergen sich vor ihren Feinden durch Ähnlichkeit mit der Umgebung. In ihrem Fall ist es günstig für ihre Art, dass sie schnell nach ihrer Fortpflanzungszeit sterben, weil so ihre Feinde wenig Zeit haben, die Unterschiede zwischen den Faltern und ihrer Umgebung zu erlernen. Andere Pfauenspinner, zum Beispiel die der Gattungen *Dirphia* und *Hylesia*, verbergen sich nicht, sind aber für ihre Feinde, zum Beispiel Vögel, äußerst ungenießbar. In diesen Fällen müssen die Feinde lernen, dass sie es mit übelerregenden Faltern zu tun haben. Konsequenterweise ist es für die Erhaltung ihrer Art günstig, sich lange nach ihrer Fortpflanzungszeit zur Schau zu stellen, damit ihre Feinde so viele schlechte Erfahrungen wie möglich machen können. Die «Aufgabe» von *Dirphia* und *Hylesia* nach den «Wechseljahren» ist deshalb, noch möglichst lange zu leben. Beobachtungen von David Blest von dem University College in London bestätigten dies: nach ihrer letzten Eiablage lebten *Lonomia* und *Automeris* noch höchstens zwei Tage, die ungenießbaren *Dirphia* und *Hylesia* aber mindestens noch neun Tage.

Als letztes Beispiel sei hier die in Japan lebende Blattlaus *Quadrartus yoshinomiyai* genannt. Sie bildet Galläpfel in der Pflanze *Distylium racemosum* aus der Familie der Zaubernussgewächse, so genannt, weil sie als Heilpflanzen, unter anderem gegen Entzündungen, eingesetzt werden. Allgemein entstehen Galläpfel durch biochemische Einwirkung von Insekten, die eine für den Baum krankhafte Wucherung erzeugen, welche aber für das Insekt ein Zuhause bietet. Die *Quadrartus*-Blattläuse vermehren sich zunächst aus unbefruchteten Eiern. Dies bedeutet, dass alle Individuen genetisch identisch sind. Solche Gemeinschaften entwickeln sich in den Galläpfeln, angefangen mit einer «Gründerin», die flügellose Töchter erzeugt. Diese Töchter bringen dann, nach einer bestimmten Zeit, flugfähige, sich geschlechtlich fortpflanzende Nachkommen hervor. Während des Heranwachsens dieser Nachkommen im Gallapfel werden die flügellosen Mütter fortpflanzungsunfähig, legen sich jedoch keineswegs zur Ruhe. Die Vermehrungsorgane in ihrem Hinterleib werden in Organe zur Produktion und Speicherung eines klebrigen Wachses umgewandelt. Sobald die flugfähigen Insekten entwickelt sind, bohren sie ein Loch in den Gallapfel, um das Nest zu verlassen und neue Gemeinschaften zu gründen. Werden sie durch Fressfeinde, die durch die Massenauswanderung zum Loch hingezogen werden, gestört, so bespritzen ihre flügellosen Mütter die Feinde mit einer Ladung Klebewachs, um sie unbeweglich zu machen. Oft bleiben diese fürsorglichen Klebekanonen zusammen mit den Gegnern am Klebewachs haften und sterben auch.

BIS ZUM LIEBESTOD

# » Termitenpaare sind sich treu

Abgesehen von Vögeln sind Termitenpaare die einzigen Tiere, die sich bis zum Tod ausnahmslos treu sind. Bei Termiten heißt das fünf bis zwanzig Jahre lang. Während bei Ameisen das Männchen nach der Befruchtung stirbt und das Weibchen, also die Königin, Samen bis zu ihrem Tod hortet, haben Termiten einen König und eine Königin, die immer wieder Sex miteinander haben. Besonders während der Entstehungszeit eines Termitenvolks kümmern sich beide gleichermaßen um Nestbau, Verteidigung und Aufzucht der Jungen.

Die Gründung eines Termitenstaats beginnt damit, dass ein Schwarm geflügelter Männchen und Weibchen hinausfliegen und sich paarweise auf dem Boden zusammentun, zunächst ohne sich zu paaren. In den nächsten Stunden oder Tagen «überprüfen» sie dann, ob sie den Richtigen bzw. die Richtige gefunden haben. Bei Männchen ist ein großer Kopf besonders attraktiv, da dies eine gute Voraussetzung zur Verteidigung ist. Weibchen gelten als begehrenswert, wenn sie groß und fett sind, da sie somit versprechen, eine gute «Eierlegemaschine» zu werden. Sie legen nämlich circa 2000 Eier pro Tag. Etwa 40 % der Paare bleiben nach ihrer gemeinsamen Landung zusammen. Ansonsten rufen meistens Weibchen weitere potenzielle Partner mithilfe von Sexuallockstoffen und lassen die Kontrahenten kämpfen. Es kommt auch vor, dass (meistens) Männchen den erstgewählten Partner einfach verlassen und sich per Duftstoff woandershin locken lassen. Ist die anfängliche Probezeit vorbei, paaren sich die Partner, verlieren ihre Flügel und gründen ein neues Termitenvolk. Sie bleiben zusammen, bis einer der Partner stirbt. Auch das Leben des anderen Partners ist damit zu Ende. Die artspezifischen Hormone sorgen dafür, dass er den Verlust nicht überlebt.

EINE LEGENDE

## » Fressen Gottesanbeterinnen die Männchen bei jeder Paarung?

Seit dem legendären Bericht des Abts Jean Louis Marie Poiret aus dem Jahr 1784 kursiert in Lehrbüchern und in der Populärwissenschaft die Geschichte von den «grausamen» Weibchen dieser Tiere, die ihre Männchen während der Paarung fressen. Jean Henri Fabre schreibt dazu 1897: «Die Liebe ist stärker als der Tod. Wortwörtlich genommen, hat wohl nie ein Aphorismus eine glänzendere Bestätigung gefunden.» Gelegentlich beobachtet man tatsächlich dieses kannibalistische Geschehen. Die Paarung kann dann auch ohne Kopf vollzogen werden, da die Ganglien, welche die Kopulation steuern, im Hinterleib sitzen und nicht im Gehirn.

Seit den 1980er-Jahren wird angezweifelt, dass Kopulation und Kannibalismus bei diesen Insekten bedingungslos zusammengehören. Diese Zweifel waren nicht von der Hand zu weisen. Im Prinzip können sich nämlich die Männchen mehrmals paaren. Kannibalismus wäre folglich ein Verlust für die Erhaltung der Art. 1984 brachten Eckehard Liske und William Davis (University of California) 30 Paare zusammen, wobei die Weibchen vorher mit Futter gesättigt wurden. In allen Fällen beobachteten sie, dass die Partner zunächst einen Balztanz durchführten, sich paarten und dann trennten.

Im Jahr 2008 brachten Jonathan Lelito und William Brown (State University of New York) sowohl Paare zusammen, bei denen das Weibchen vor der Paarung gehungert hatte, wie auch Paare mit gesättigten Weibchen. Sie beobachteten, dass die Duftstoffe der hungernden Weibchen, im Gegensatz zu denen der anderen, den Männchen ihre Nahrungssituation signalisierten. Die Männchen paarten sich mit den hungernden Weibchen und ließen sich fressen, ohne irgendeine Form von Widerstand zu leisten. Das instinktive

Opfer der Männchen diente somit der Erhaltung der Art, denn mit der Hochzeitsmahlzeit konnten die Weibchen ihre Eier produzieren, während sie sonst möglicherweise zusammen mit ihrer Brut an Hunger zugrunde gegangen wären.

AUFOPFERUNG

## » Warum es sich lohnt, gefressen zu werden

Es ist bekannt, dass viele Spinnenmännchen von ihren weiblichen Partnerinnen während der Paarung gefressen werden. Es stellt sich jedoch die Frage, warum dieses Verhalten in der Evolution entstanden ist. Tatsache ist, dass, je länger die Mahlzeit – und damit die Paarung – dauert, desto mehr Spermien übertragen werden. Dies ist eine lohnende Investition für die Weitergabe der männlichen Gene. Manche Männchen bieten sich durch ihre Körperhaltung regelrecht zum Fressen an. Andererseits bringen viele Insekten oder Spinnen den Weibchen ein möglichst großes Futtergeschenk, um die Paarungszeit zu verlängern. Sich selbst zum Verzehr anzubieten wäre also die extremste Form eines Brautgeschenks.

Noch verblüffender ist das Sich-Opfern von Spinnenmüttern. Hier gibt es verschiedene Varianten. Eine ist die der australischen Krabbenspinne *Diaea ergandros*. Sie speichert Nahrung in Form von riesigen Eiern, die sie nicht legen kann, weil sie nicht durch ihre Legeöffnung passen. Sie funktioniert also wie ein lebendiger Vorratsschrank für ihren Nachwuchs, denn der Inhalt der Eier wird nach und nach im Blut verflüssigt, und dieses Blut wird wochenlang an ihren Gelenken vom Nachwuchs abgesaugt. Dabei siecht die Spinnenmutter dahin, bis sie stirbt. Ähnlich verhält sich die in Nahost lebende Röhrenspinne *Stegodyphus lineatus*, mit dem Unterschied, dass das Innere der Mutter sich nach und nach selbst verdaut und der so entstehende Nahrungsbrei für ihren Nachwuchs, bis zu ihrem Tod, erbrochen wird. Solch eine Selbstverdauung findet auch bei der Rote Röhrenspinne *Eresus kollari* statt. Wenn der Tod der Spinnenmutter schließlich eingetreten ist, besteigen die Jungtiere sie und saugen sie gänzlich auf.

Die europäische Finsterspinne *Amaurobius ferox* fällt dadurch auf, dass sie ihre Bereitschaft, gefressen zu werden, dem Nachwuchs durch Verhaltensmuster signalisiert, und zwar durch ein Hin-und-her-Springen, abwechselnd mit trommelnden Beinbewegungen. Der Nachwuchs antwortet mit der Bildung eines Schwarms am Hinterteil der Mutter. Das Ganze erinnert an eine Balz, eine «Todesbalz» in diesem Fall. Trennt man die Mutter von den Kleinspinnen, so verliert sie den Drang zu sterben und ist für neuen Nachwuchs bereit.

Nicht nur Spinnenmütter lassen sich von ihren Kindern fressen. Auch bei dem Ohrwurm *Anechura harmandi* und bei dem Käfer *Micromalthus debilis* beobachtet man diese sogenannte Matriphagie. Die männlichen *Micromalthus*-Nachkommen haben überhaupt keine andere Wahl, als ihre Mütter aufzufressen. Im Gegensatz zu den erwachsenen Weibchen besitzen sie keine Bakterien, um Holz zu verdauen und sich so zu ernähren. Abgesehen von diesen Käfern hat der kannibalistische Selbstmord von Müttern noch eine weitere Funktion: Er verhindert den sonst auftretenden Kannibalismus innerhalb des Nachwuchses und vor allem auch, dass die Jungen in frühen Entwicklungsstadien bereits auf Nahrungssuchen gehen müssten und das Nest verlassen, was in jedem Fall sehr gefährlich wäre.

VOM UMGANG MIT GIFTEN

## » DDT-süchtige Bienen

Im Jahr 1978 war die Forschergruppe um Donald Roberts, damals an der Universidade de Brasilia, in den Dörfern am Ituxi-Fluss in

Brasilien unterwegs, um dort Studien über Malariaüberträger durchzuführen. Bei dieser Reise fiel den Expeditionsteilnehmern Folgendes auf: Hüttenwände, die man mit DDT behandelt hatte, waren voll von Bienen der Art *Eufriesea purpurata*. Die Bienen kamen mittags, flogen wieder weg, nachdem sie 2 bis 3 Stunden an den Wänden gekratzt hatten, und kamen am nächsten Tag wieder. Die Hüttenbewohner gewöhnten sich nach einiger Zeit daran und wunderten sich nicht mehr über ihre «Gäste». Gefährlich sind diese Bienen nicht. Sie haben keinen Stachel.

Eine genauere Untersuchung ergab, dass es sich nur um männliche Bienen handelt und das sie das DDT mit Borsten an ihren Hinterbeinen abkratzten. Anschließend führten sie das Gift mit ihren mittleren Beinen in schwammartige Beintaschen, um es dort zu horten. Dies könnte über die Atemwege, die Tracheen, zur Vergiftung führen. Doch diese Bienenart zeigte nie irgendwelche Vergiftungserscheinungen, wie zum Beispiel Orientierungsverlust. Später fand man DDT-süchtige *Eufriesia*-Bienen auch in anderen Gegenden Brasiliens und Perus, sodass man nicht von einer lokalen Mutation ausgehen konnte. Vermutlich ähnelte DDT einem Stoff, der normalerweise von den Bienen aufgenommen wurde, der aber nicht so leicht woanders als in den Dorfhütten zu finden war.

*Eufriesea purpurata* gehört zu den Orchideenbienen, die nicht nur von Orchideen, sondern auch von verrotendem Holz oder Harz angezogen werden. Dort kratzen sie im Allgemeinen Stoffe ab und verfahren damit wie mit dem DDT. Viele dieser Stoffe sind giftig. Es ist bis heute ein Rätsel, wozu die Bienen den gehorteten Stoff nutzen. Die Vermutung, dass sie den Stoff zum Anlocken der Weibchen oder zur Reviermarkierung benutzen, ist durch sorgfältige Beobachtungen widerlegt worden. Eine verbleibende Hypothese, aufgrund von Beobachtungen verwandter Arten, ist die, dass sie andere Männchen damit anlocken – sie sind normalerweise Einzelgänger – und dann einen Schwarm bilden, um die Weibchen besser auf sich aufmerksam zu machen. Eine weitere Hypothese besagt, dass die Männchen durch das Ausströmen dieser Stoffe mit ihrer Sammelfähigkeit und damit mit ihrer Stärke punkten wollen, und so um die Weibchen werben.

AUF DIE STUNDE GENAU

## » Gleichzeitige Geburt von Millionen Insekten

Im September jeden Jahres werden die Bewohner nahe des Asahi-Gawa-Flusses in Japan immer wieder von Neuem überrascht: dichte Wolken von Eintagsfliegen verdecken plötzlich alles vorher Sichtbare und verursachen sogar Verkehrsunfälle. Es handelt sich um die Art *Ephoron shigae*. Nach einer einjährigen Entwicklung als Larven im Wasser verbringen sie einige Stunden als flugfähige Insekten, um sich zu paaren, Eier zu legen und zu sterben. Die Eintagsfliegen der Art *Palingenia longicauda* sind ausnahmsweise nicht flugfähig und paaren sich schwimmend. Ihr millionfaches Auftreten auf der Oberfläche des Flusses Tisza ist in Ungarn Mitte Juni eine Touristenattraktion und nennt sich «Tisza-Blüte».

Der Mechanismus für die verblüffende Genauigkeit, mit der Jahr um Jahr dieses gleichzeitige Massenschlüpfen der Eintagsfliegen vor sich geht, ist ein wissenschaftliches Rätsel. Ebenfalls erstaunlich ist das Verhalten der in Wattgebieten Norddeutschlands lebenden, sogenannten Einstundenmücke *Clunio marinus*. Diese Mücken schlüpfen genau dann, wenn sich das Meer am stärksten zurückzieht und Algenmatten freilässt, auf denen sie ihre Eier ablegen können. Nur die Männchen sind flugfähig und können selbstständig schlüpfen. Die Weibchen schlüpfen mithilfe der Männchen, die mit einem messerartigen Gebilde am Ende ihres Hinterleibes die Puppenhüllen der Weibchen aufschlitzen, die geschlüpften Weibchen begatten und diese dann an eine geeignete Stelle für die Eiablage tragen. Nach dem Eierlegen sterben beide, Weibchen und Männchen.

Die naheliegende Hypothese, dass das gleichzeitige Schlüpfen unerlässlich für die Begattung ist, wird inzwischen nur als Teilerklärung anerkannt. Denn zumindest bei den Eintagsfliegen gibt es jungfräulich gebärende Arten, z. B. *Ameletus ludens*, bei der nur Weibchen gleichzeitig schlüpfen. Daher vermutet man, dass sich das massenhafte Schlüpfen auch als Schutz gegen Fressfeinde, wie etwa Vögel, entwickelt hat. Diese Feinde werden irgendwann satt und erlauben sodass Überleben einer großen Anzahl der Insekten. Würden die Insekten öfter in kleinerer Anzahl schlüpfen, so könnte die Anzahl immer wieder unter der Sättigungsgrenze der Feinde liegen und würde somit als Art nach und nach zugrunde gehen.

ALLES NUR SHOW

## » Das Geheimnis der leeren Geschenkpackung

Im Jahr 1875 fiel dem Baron von der Osten-Sacken in den Alpen eine Wolke aus in der Luft tanzenden kleinen silbrigen Blitzen auf. Es gelang ihm, einige davon zu fangen, und er fand heraus, dass es sich um Tanzfliegen der Art *Hilara sartor* handelte. Bei dieser Art tragen die einzelnen Individuen jeweils einen glänzenden, leeren, eiförmigen Ballon aus Seide mit sich, der etwa so groß ist wie die Fliegen selbst. Die Entomologen stritten sich ausgiebig über die Bedeutung dieser Ballons. Der tschechische Insektenforscher Josef Mik schrieb 1888, dass es sich um «aerodynamische Surfbretter» der Fliegen handeln könnte. Schließlich beobachtete man, dass nur die Männchen die leeren Ballons trugen und den Weibchen anboten. Die Weibchen ihrerseits nahmen sie als das Geschenk vor der Kopulation an. So war man sich also einig, dass es sich um ein Ritual handeln müsse, ähnlich der Balz unzähliger Tiere. Doch es blieb bis heute ein Geheimnis, wie es in der Evolution zu diesem ausgefallenen Ritual kommen konnte. Edward Kessel (University of San Francisco) bemerkte, dass Verwandte dieser Fliegen in Seide gewickelte Insekten zur Werbung überreichen. Kessel vermutete, dass im Lauf der Evolution die Zweckmäßigkeit durch das Ritual ersetzt wurde, sodass die Seidenverpackung für die Werbung ausreichte. Diese Erklärung lässt aber ein das Rätsel ungelöst: Wenn Kessel recht haben sollte, warum verhält sich dann ausgerechnet diese Art so? Denn *Hilara sartor* lebt ausschließlich vegetarisch ...

WIRKSAME POTENZMITTEL?

## » Ölkäfer und Spanische Fliege

Die Ölkäfer der auch in Deutschland heimischen Gattung *Meloe* scheiden bei Berührung ein gelbliches Öl aus, das Cantharidin enthält. Es handelt sich dabei um das «Blut» dieser Käfer. Diesen Stoff scheidet auch die Spanische Fliege *Lytta vesicatoria* aus und es wird ihm potenzsteigernde Wirkung nachgesagt. In Wirklichkeit geht es bei dieser «Potenzsteigerung» um eine Reizung der Harnwege, die zu einer Erektion führt, ohne dass das sexuelle Verlangen gesteigert würde. Mehr als etwa 0,03 Gramm des Stoffes führen zum Tod. Früher wurde er als Gift benutzt, z. B. anstelle von Schierling im alten Griechenland. Die «Spanische Fliege» die heutzutage in Sexshops verkauft wird, enthält davon nur noch homöopatische Dosen.

Abgesehen davon haben Ölkäfer einen interessanten Lebenslauf. Aus den im Boden vergrabenen Eiern schlüpfen ca. zwei Millimeter groß Larven, die eine blühende Pflanze suchen und sich in deren Blüte niederlassen. Dort lauern sie auf eine Biene, um sich in deren Haarpelz mit ihren Fußklauen festzuklammern. So lässt sich die Ölkäferlarve zur Brutzelle der Biene fliegen. Sobald die Biene sie in ihrer Brutzelle eingeschlossen hat, frisst die Larve das Bienenei, nimmt eine madenförmige Gestalt an und frisst den gehorteten Brei aus Nektar und Pollen auf, der eigentlich für die Bienenlarve gedacht war. Dann verlässt sie das Bienennest, kriecht in den Erdboden, überwintert dort als Puppe und entwickelt sich im Frühjar zum fertigen Ölkäfer. Auch die Spanische Fliege *Lytta vesicatoria* schmarotzt bei den Bienen. Sie fliegt allerdings nicht per Anhalter, sondern kriecht selbstständig zum Stock. Das Risiko, wenn sie versehentlich eine Honigbiene erwischen würde, ist ihr zu groß. Honigbienen sind für die geplante Schmarotzaktion nicht geeeignet. Sie verschließen ihre Zellen nicht und füttern ihre Larven persönlich. Dies würde die Strategie des Eindringlings durcheinanderbringen und die Honigbiene würde ihn töten.

PUTZKOLONNE

## » Wespen helfen Vögeln

Zwischen Mexiko und Argentinien sieht man häufig die hängenden Beutelnester von Stärlingen, wie z. B. des Gelbrücken-Stirnvogels *Cacicus cela*. Auffällig ist, dass sie häufig in der Nähe der Nester von Wespen, hauptsächlich der Gattungen *Protopolybia* oder *Stelopolybia*, vorkommen. Diese Wespen sind hochwillkommene Besucher, denn sie befreien die Vogelnester von den dort lebenden Fliegenlarven der Gattung *Philornis*. Diese *Philornis*-Larven sind für die Vögel sehr gefährlich, denn sie saugen das Blut der Küken. Die kleinen Vögel sterben oder überleben mit deformierten Körpern. Manchmal sind allerdings keine Wespen in der Gegend. Plan B zur Rettung der Brut: Die Vögel erlauben in solchen Fällen instinktiv, dass der Vogel *Scaphidura oryzivora*, dort als «Tordo gigante» bekannt, nach Kuckucksart seine Eier in ihre Nester neben die eigenen Eier legt. Der Tordo frisst dann die Fliegenlarven und «revanchiert» sich auf diese Weise für die Gastfreundschaft. Wenn aber Wespen vorhanden sind, hat der Tordo keine Chance. Er wird unweigerlich verscheucht.

Und nun eine traurige Nachricht: Auf den Galapagosinseln wurden in den 1960er-Jahren *Philornis*-Fliegen eingeschleppt. Dort gibt es aber weder freundliche Wespen noch Tordos, sodass nun mehrere dort lebende Vogelarten, wie beispielsweise die berühmten Darwin-Finken, ernsthaft bedroht sind. Im Februar 2012 fand auf der Galapagosinsel Santa Cruz eine internationale Tagung statt, um Möglichkeiten zur Rettung der Vögel zu diskutieren. Man fand bislang aber noch keine nachhaltige Lösung.

EIN FREUND VON ROBINSON CRUSOE

## » Der Ameisenlöwe

Bevor Robinson Crusoe den Eingeborenen namens Freitag traf, unterhielt er sich in seiner Einsamkeit mit einem Ameisenlöwen. Er war tief beeindruckt von den Fertigkeiten dieses Insekts. So schildert es Luis Buñuel in seiner Verfilmung von Daniel Defoes Roman. Doch dies ist nicht die einzige Erwähnung des Ameisenlöwen in Sagen, Filmen oder Romanen. Herodot berichtet circa 430 v. Chr. in seiner *Histories Apodexis* von einer Sage mit riesigen «Goldgräber-Ameisen», die, ähnlich wie die Ameisenlöwen, welche sich bekanntlich in normalem Sand vergraben, sich in goldhaltigem Sand verstecken. Wer an das Gold kommen will, muss sie überlisten. Aber auch die Trivialliteratur, z. B. in den Serien «Star Wars» und «Biene Maja», spart nicht mit Motiven, die von diesem faszinierenden Insekt inspiriert sind.

Ameisenlöwen sind Insekten der Familie der *Myrmeleontidae*. Das erwachsene Tier, die sogenannte Ameisenjungfer, ähnelt einer

Libelle und ist nicht besonders berühmt. Die Larven einiger Arten jedoch erregen dadurch ungewöhnliche Aufmerksamkeit, dass sie trickreiche Fangtrichter in Sand bauen. Diese Trichter, die bei einem Durchmesser von 8 cm bis zu 5 cm tief sind, sind gerade so steil, dass sich keine Sandlawine bildet, die den Trichter zum Abrutschen bringen würde. Die zulässige Grenze liegt bei etwa 30°. Die Ameisenlöwenlarve sitzt unten im Trichter. Sobald sich eine Ameise, Assel, Spinne oder sonstige Beute nähert, schleudert sie mit ihren kräftigen Kieferzangen ein Sandkorn auf das Opfer. Dabei ist es nicht wichtig, ob sie die Beute trifft, denn das «Geschoss» löst so oder so eine Lawine aus. Die Beute rutscht hinunter und wird getötet. Danach produziert die Larve Enzyme, die sie in das Beutetier injiziert. Im Inneren der Beute erzeugen diese Enzyme eine Art Brei, der schließlich von der Larve aufgesaugt und fast vollständig verwertet wird.

Die Ameisenlöwenlarve besitzt keinen Anus. Sie speichert die nicht verwertbaren Reste ihrer Nahrung in ihrem Darm, scheidet sie nach ein bis drei Jahren aus und baut daraus, zusammen mit Seide und Sandkörnern, ihren Kokon. Daraus schlüpft die libellenähnliche Ameisenjungfer, die sich paart, Eier im Sand legt und nach circa einem Monat stirbt.

SCHMUCK ZUM SCHUTZ

## » Wandernde Gärten auf dem Rücken von Insekten

Viele Insekten sehen aus wie Pflanzen, um sich zu tarnen. So zum Beispiel die Gespensterschrecken (Ordnung *Phasmatodea*), zu denen die Stabheuschrecken und die sogenannten «wandelnden Blätter» (Unterfamilie *Phylliinae*) gehören. Einige Insekten lassen allerdings Pflanzen auf ihrem Rücken wachsen und tarnen sich dadurch. Bei den Rüsselkäfern der Gattungen *Gymnopholus* und *Pantorhytes* in den Bergregenwäldern von Neuguinea geht dies so weit, dass sich ganze Biotope mit regelrechten Nahrungsketten auf ihnen ausbilden. In diesen wandernden Miniaturgärten findet man u. a. Flechten, Algen, Moose, Pilze, Fadenwürmer, Milben, Staubläuse, Springschwänze, Rädertierchen und Kieselalgen. Die Milben ernähren sich von den Pilzen und die Staubläuse von Algen und Pilzen. Die Käfer revanchieren sich für die Tarnung, indem sie die räumliche Verbreitung dieser Lebewesen erleichtern und ihnen eine geeignete Wachstumsoberfläche zur Verfügung stellen: Vertiefungen, Tuberkeln, Furchen, Borsten und eine klebrige Ausscheidung, die Pflanzen und Pilzen Halt bietet. Die Formen der Käferpanzer sind sogar derart gestaltet, dass ihre Gärten bei der Paarung nicht zu Schaden kommen.

Weitere eindrucksvolle Beispiele sind Weberknechte (Gattung *Neosadocus*) in Südostbrasilien, die dicht von Lebermoosen und Cyanobakterien bevölkert sind, und Gottesanbeterinnen (Gattung *Choeradodis*) in Costa Rica, die mit Flechten, Lebermoosen und Pilzen überzogen sind.

EIN BISSCHEN DESIGN DARF SEIN

## » Dekorateurkrabben

Hochästhetisch bis schaurigabstoßend wirken einige Zehnfußkrebse (*Decapoda*), die sich selbstständig mit allerlei buntem Zeug maskieren. Sie bedecken sich mit Rot- und Braunalgen, rosafarbenen und grünen Kalkalgen, braungelben Polypen, die wie Federn aussehen, koloniebildenden Moostierchen, leuchtend gefärbten Hornkorallen, Schwämmen, Seescheiden, Seeanemonen oder Wohnröhren von Vielborstern. Auf diese Weise erkennt sie oft sogar ein erfahrener Meeresbiologe nicht.

Die Krabben nehmen ihre «Dekorationen» mit ihren Zangen auf und befestigen sie an Hakenborsten, die über ihre Panzer verteilt sind. Je nach Krabbenart nützt dieser Verkleidungsinstinkt dem Tier auf ganz verschiedene Weise. Maskierung bedeutet Tarnung. Es gibt Krabben, die ihre «Dekorationen» an einen veränderten Hintergrund anpassen. Es gibt aber auch welche, die sich in Farbe und Form deutlich vom Hintergrund unterscheiden und es dabei belassen, sodass man annehmen muss, der Schmuck soll dafür sorgen, dass Beutetiere die tatsächliche Krebsgestalt nicht erkennen, wenn sie vorbeischwimmen. Besonders wirkungsvoll erweist sich die Anlagerung von Polypen und Seeanemonen. Sie ermöglichen mit ihren giftigen Nesselzellen einen veritablen chemischen Angriff auf Fressfeinde.

Wie kann man die Evolution hin zum Verhalten der Dekorateurkrabben erklären? Hinweise liefern noch lebende Krabbenarten, vor allem Arten, die ihre Hakenborsten dazu benutzen, um daran Beute zu befestigen und Nahrungsvorräte anzulegen. Dies hat den Nebeneffekt, die Krabben zu maskieren. Vermutlich setzte sich diese Maskierung im Lauf der Zeit als ein evolutionärer Vorteil durch.

WELTENBUMMLER

## » Das Rätsel des Monarchfalters

Wandernde Schmetterlinge, die in wärmeren Gegenden überwintern, gibt es auf der ganzen Welt. In einem Bericht über die Wanderung des Großen Kohlweißlings vom 9. Juli 1508 liest man: «... an einem Sonntag flog bei Calais ein ungeheurer Schwarm weißer Schmetterlinge von Norden nach Südosten. Er glich einem dichten Schneegestöber, sodass man von St. Petars aus nicht einmal mehr die Stadt Calais erkennen konnte.» Kein wandernder Schmetterling hat aber mehr Staunen verursacht als der nordamerikanische, vom Aussterben bedrohte Monarchfalter *Danaus plexippus*. Es gibt zwei Populationsgruppen dieser Falter. Die kleinere Gruppe lebt im Sommer in den Tälern der westlichen Rocky Mountains und überwintert an der kalifornischen Küste. Viel eindrucksvoller ist aber die östliche Gruppe, die (noch) aus mehreren 100 Millionen Tieren besteht. Diese verteilen sich im Sommer über den großen Raum zwischen den östlichen Rocky Mountains und der Atlantikküste sowie teilweise über Kanada, überwintern aber in einem nur circa 20 Hektar großen Gebiet in den Vulkanbergen der mexikanischen Sierra Nevada. Dort drängen sie sich dicht auf Kiefern, Tannen und Zypressen. Ihre Ankunft dort fällt in etwa mit dem *Día de los Muertos* («Tag der Toten», Allerseelen) am 1. November zusammen, an dem in Mexiko traditionell an die Verstorbenen gedacht wird. Für viele Menschen symbolisieren die Falter die Rückkehr der Seelen ihrer Vorfahren. Herzzereißend ist allerdings, dass die Unterkunft für die «überwinternden Seelen» durch illegalen Holzeinschlag nach und nach zerstört wird.

Die gesamte Wanderungsstrecke (in einer Richtung) der östlichen Population beträgt bis zu 4800 Kilometer. Dabei fliegen die Falter nach Süden innerhalb einer Generation, d. h. ohne sich zu vermehren. Beim Rückflug nach Norden dagegen bringen sie bis zu vier Generationen hervor. Jede Generation lebt nur vier bis sechs Wochen und überlebt deshalb nur einen Teil der Strecke. Viele Nordamerikaner pflanzen die Nahrungspflanzen der Falter (Seidenpflanzen der Gattung *Asclepias*) in ihren Gärten, um sich an den schönen orange-schwarz-weißen Faltern zu erfreuen. Zur Orientierung auf ihren Reisen benutzen die Falter den Stand der Sonne. Zusätzlich verfügen sie über ein magnetisches Orientierungssystem.

Ungeklärt ist nach wie vor, wie es die Monarchfalter schaffen, das ca. 500 Meter breite Gebiet wiederzufinden, das ihre Großeltern oder Urgroßeletern in Mexiko ein Jahr davor verlassen haben.

WESPE LIEBT FEIGE

## » Die Legende von der weißen Feigenblüte

In ländlichen Gegenden Chiles kursiert die Legende, dass Feigen weiße Blüten haben, und zwar nur am 23. Juni, in der Johannisnacht. Wer das Glück hat, eine Blüte zu sehen (hochprozentiges *Aguardiente* nicht vergessen!), sollte sie nicht pflücken, sondern sofort in eine Kirche gehen, und zwar ohne sich umzudrehen oder jemanden anzuschauen. Einmal in der Kirche darf man sich etwas wünschen.

Stimmt es überhaupt, dass Feigen Blüten haben? Ja, sie haben welche: Was man als Frucht bezeichnet, ist eigentlich ein Blütenstand in dessen Innerem viele kleine, meist rote Blüten verborgen sind. Und diese eingeschlossenen Blüten werden bestäubt. Durch winzige, 2 bis 3 mm große Wespen der Familie der *Agaonidae*. Durch Fossilien fand man heraus, dass diese Wespen mit den Feigen seit circa 80 Millionen Jahren in Symbiose leben. Das Zusammenspiel von Wespen und Feigen ist genau festgelegt. Ist die «Frucht», d. h. der Blütenstand, noch klein, hat sie oben eine winzige Öffnung. Ein Wespenweibchen quält sich mithilfe von Raspeln an ihrem Kopf durch dieses Loch. In dieser drangvollen Enge verliert es dabei oft seine Flügel und Antennen. Einmal im Inneren angekommen, legt es an einigen Blüten seine Eier ab und bestäubt durch seine Wanderung die anderen Blüten. Dann stirbt es. Wo die Wespe Eier gelegt hat, entstehen winzige Galläpfel, in denen die Larven wachsen. Nach einem Monat hat sich der Eingang der «Frucht» geschlossen und es schlüpfen als Erste die Männchen aus den Gallen. Diese bohren mit ihren kräftigen Köpfen Löcher in die Gallen der Weibchen, um sich mit ihnen zu paaren. Die Männchen bohren anschließend auch einen Ausgang aus der «Frucht», durch den die Weibchen hinausfliegen, um in eine andere «Frucht», also in einen neuen Blütenstand einzudringen. Nach der Befreiung der Weibchen sterben die entkräfteten Männchen.

SELTSAME VORLIEBE

# » Menschliche Tränen als Hochzeitsgeschenk

Im April 2012 ging eine seltsame Nachricht durch die US-Presse: Man hatte in den Parks von New York eine neue Biene entdeckt, ohne Stachel und nur so groß wie ein Sesamkorn. Sie bekam den Namen *Lasioglossum gotham*. Man fand heraus, dass sie sich u. a. richtig für Menschen interessiert – sie saugt gerne den Schweiß auf.

Die Entomologen verstanden sofort worum es geht: Bienen und Schmetterlinge laben sich gern an Schweiß und auch an Tränen von Säugetieren, z. B. von Pferden, Elefanten, Antilopen und Rehen. Auch Krokodile werden oft aufgesucht. Im Jahr 2007 entdeckte man sogar, dass es Motten in Madagaskar gibt, zum Beispiel *Hemiceratoides hieroglyphica*, die nachts schlafende Vögel anfliegen und mit ihren langen Rüsseln unter die Lider eindringen, um an ihre Tränen zu gelangen. Die Motten führen diese Aktion so vorsichtig aus, dass die Vögel davon nicht aufwachen.

Was treibt die Insekten dazu? Sie erhalten auf diese Weise hauptsächlich natriumhaltige Mineralien und Aminosäuren, die Bausteine der Eiweiße. Es ist erwiesen, dass es sich bei den saugenden Insekten meistens um Männchen handelt und dass die so aufgenommenen Substanzen während der Paarung an die Weibchen abgegeben werden, sozusagen als Hochzeitsgeschenk. Die Weibchen benötigen diese Stoffe für die Bildung der Eier. Schmetterlinge der Familie der Ritterfalter (*Papilionidae*) und der Weißlinge (*Pieridae*) begnügen sich mit Mineralien und finden diese in Schlammpfützen. Viele Falter lassen während ihres Lebens bis zu 600-mal ihr Körpergewicht an Flüssigkeit durch ihren Körper fließen, um lebenswichtige Stoffe herauszufiltern.

Der in Thailand lebende Entomologe Hans Bänzinger hat sich in geradezu stoischer Weise Zebus, Wasserbüffeln und anderen Tieren genähert, die nachts von Motten und tagsüber von kleinen Bienen aufgesucht wurden und sich an deren Tränen bedienten. Wenn er sich möglichst wenig bewegte, kamen die Insekten auch zu ihm und saugten seine Tränen und seinen Schweiß. Auch wenn er andere «Leckereien» in der Nähe auslegte – Käse, Fleisch oder Fische –, bevorzugten die Bienen erstaunlicherweise immer seine eigenen Körperflüssigkeiten.

UMSIEDELUNGSPROJEKT

## » Hornissen erteilen gierigen Imkern einen Denkzettel

Japanische Imker haben die europäische Honigbiene *Apis mellifera* importiert. Sie produziert nämlich etwas mehr Honig als die japanische Biene *Apis cerana*. Doch bald bekamen die Imker zu spüren, warum Ökologen von planlosen Tierumsiedlungen abraten. Es gibt in Japan eine Hornisse, *Vespa mandarinia*. Sie ist mit ihrer Länge von 5,5 cm die größte Hornisse der Welt. Diese Hornisse greift die europäischen Bienen unerbittlich an. Eine Hornisse kann innerhalb einer Minute 40 Bienen töten! Zudem ruft sie über einen Duftstoff ihre Nestgenossen. Innerhalb weniger Stunden können sie ein Volk von 30.000 Bienen auslöschen. Die siegreichen Hornissen zerstückeln die Bienen und verfüttern die proteinreichen Teile an ihre Larven.

Japanische Bienen werden im Gegensatz zu europäischen Bienen nicht von den Hornissen angegriffen. Die Bienen aus Japan haben nämlich eine erfolgreiche Verteidigung entwickelt. Sie bilden, schon bevor die feindliche Hornisse ihren Duftstoff an ihre Genossen aussendet, eine Kugel aus Hunderten von Bienen um den Eindringling und erhöhen durch Muskelzittern die Temperatur auf circa 47 °C. Zusätzlich wird das vom umringten Tier ausgeatmete Kohlendioxid nicht nach außen abgeführt. Dies tötet die Hornisse. Die Bienen dagegen überleben die höhere Temperatur und den erhöhten Kohlendioxidgehalt.

DAS OPFER

## » Warum hängen nach einem Bienenstich noch Innereien am Stachel?

Was wir nach dem Stich am Stachel einer Honigbiene sehen, sind die Giftdrüse, die Muskeln zum Pressen der Giftdrüse und andere Organe, die fest mit dem Stachel verbunden sind und daher zwangsläufig aus dem Hinterleib heraustreten. Dies führt zum Tod der Biene nach circa 18 Stunden. So haben nach einem Stich und, wenn wir die Biene vertrieben haben, die noch aktiven Muskeln die Möglichkeit, den vollen Inhalt der Giftdrüse herauszupressen. Dadurch gleicht die Giftwirkung jener, die nach sehr vielen Stichen eintreten würde, wenn die Biene die Drüse bei sich behalten würde. Deshalb sollte man beim Entfernen des Stachels nie die aus der Haut hängende Drüse drücken, da man sich dann selbst Gift injiziert.

Im Allgemeinen produziert die aus dem Hinterleib austretende Giftdrüse zusätzlich einen Duftstoff (bei Honigbienen ist es Isopentylacetat), der die Nestgenossen anzieht, damit sie den Störenfried verfolgen. Wird der starre Panzer eines Insekts durchbohrt, dann kann der Stachel ohne Innereien von der Honigbiene entfernt werden. Dies ist kein Nachteil für die Giftwirkung, denn Insekten sind als Beute klein genug, um auch ohne einen Giftnachschub durch die Drüse außer Gefecht gesetzt zu werden.

SELBSTMORDATTENTÄTER

## » Der Einsatz der Termiten-Soldaten

Bei den meisten Termiten kümmert sich die Kaste der Soldaten um die Verteidigung des Nests, meistens gegen eindringende Ameisen. Die Mitglieder dieser Kaste vermehren sich nicht und helfen auch nicht bei der Betreuung des Nachwuchses oder bei der Nahrungsbeschaffung. Sie bilden eine hoch spezialisierte und unselbstständige Berufsarmee. Die meisten Termitensoldaten beißen bei der Verteidigung des Nests oder sie schießen Gift aus einer Drüse. Doch Arten der Gattungen *Globitermes, Serritermes* und *Glossotermes* haben keine Öffnung der Giftdrüse nach außen und bei der Art *Apilitermes longiceps* wird diese Öffnung durch die Termiten während eines Kampfes geschlossen. Deshalb explodieren diese Tiere beim Entleeren der Giftdrüse. Solche «Kamikaze»-Aktionen sind erstaunlich altruistische Verhaltensweisen im Dienst der Kolonie.

Bei den Termiten der Gattungen *Ruptitermes* und *Anoplotermes* existiert keine Soldatenkaste. Bei ihnen übernehmen die Arbeiterinnen die Verteidigung. Diese können bei Bedrohung ihren Hinterleib zusammenziehen und diesen so mit seinem giftigen Inhalt zum Platzen bringen. Lange glaubte man, dass dieses Phänomen nur bei Termiten vorkommt. Doch 1974 entdeckte das Ehepaar Ulrich und Eleonore Maschwitz (Universität Frankfurt) bei einem Forschungsaufenthalt in Malaysia, dass sogenannte Rossameisen (Gattung *Camponotus)* dies auch tun. Fassten die Maschwitzens diese Ameisen mit den Händen an, so explodierten ihre Hinterleiber und hinterließen ein gelbes, klebriges Sekret an ihren Fingern. Es kommt häufig vor, dass beim Versprühen dieser Substanz angreifende Ameisen und ihre Opfer miteinander verkleben und so zusammen sterben.

ÖLIGES DASEIN

## » Die Petroleumfliegen

Der britische Zoologe William Thorpe beschrieb im Jahr 1931 die Petroleumfliegen *Helaeomyia petrolei* als «zweifellos eine der erstaunlichsten biologischen Kuriositäten der Welt». Sie leben in natürlichen

Petroleumtümpeln und wurden erstmals in Kalifornien um 1900 beobachtet. Ihre Maden schwimmen mit wellenförmigen Bewegungen in Rohöl, meist unter der Oberfläche, und tauchen periodisch auf, um ihre Atemlöcher hinauszustrecken. Man beobachtete, dass sie sich von den Insekten ernähren, die durch das zähflüssige Öl gefangen werden. Um sich zu verpuppen, kriechen sie zu nahem Gras. Die aus den Puppen schlüpfenden Fliegen legen dann ihre Eier neben den Tümpeln.

Der US-amerikanische Insektenforscher David Crawford stellte im Jahr 1912 die Hypothese auf, dass die Maden sich auch durch Verdauung des Petroleums ernähren können. Er hielt die Maden in gefiltertem und sterilisiertem Petroleum und beobachtete, dass sie sich gut entwickelten. Im Jahr 1930 führte William Thorpe Versuche durch, die die Hypothese von Crawford widerlegten. Thorpe fand heraus, dass die Fliegen allein von Petroleum nicht leben können, ein Ergebnis, das bis heute bestätigt wurde. Doch wie erklärt man den Befund von Crawford? Die Maden ernähren sich auch kannibalistisch und Crawford hatte dies übersehen! Thorpe und weitere Forscher haben bis heute offen gelassen, ob das Petroleum doch zur Ernährung der Maden beiträgt, zumal man im Darm der Maden Bakterien fand, die Petroleum verdauen können. Einige der Bakterien, nämlich solche der Gattung *Acinetobacter*, werden sogar industriell beim Abbau von Ölverschmutzungen eingesetzt. Beachtenswert ist, dass man im Madendarm eine circa tausendmal höhere Konzentration von Bakterien als im Petroleum selbst findet, da sie von der stickstoffreichen Nahrung der Maden mitprofitieren. Ob sich die Bakterien «revanchieren», indem sie den Maden bei einer Nahrungsaufnahme aus dem Petroleum helfen, ist bis heute ungeklärt.

LUKRATIVE WETTKÄMPFE

# » Insekten-Olympiaden

Jedes Jahr verwandelt sich das Ostufer des Flusses Ping in Chiang Mai, Thailand, für etwa einen Monat in ein Kampfgelände für männliche Nashornkäfer der Art *Xylotrupes gideon*. Ein Käfer kostet je nach Größe und Aggressivität umgerechnet zwischen einigen Euro bis circa 200 Euro und gilt als besiegt, wenn er von seinem Gegner vollständig angehoben wird, auf den Rücken fällt oder wegläuft. Zwar sind in Thailand Spiele um Geld verboten, dennoch wandert bei diesem Wettkampf viel Geld von Hand zu Hand. Auch in Myanmar und dem Norden von Laos sind solche Spiele üblich.

Doch diese Wettspiele sind eher unbedeutend im Vergleich mit den Kämpfen männlicher Grillen in China, die seit ca. 700 n. Chr. Tradition haben und trotz Verbots heute noch häufig in Hinterhöfen und Privatwohnungen stattfinden. Eine Kampfgrille kann umgerechnet über 1000 Euro kosten und Preisgelder von 10.000 Euro erreichen. Es werden Grillenwaagen verkauft, um Tiere der gleichen Gewichtsklasse kämpfen zu lassen. Um die Aggressivität der Insekten zu steigern, werden sie tagelang von ihren Artgenossen isoliert. Besiegte Grillen verlieren die Lust zu kämpfen, können aber wieder aktiviert werden, indem man sie in der Hand schüttelt und mehrmals in die Luft wirft. Erstaunlicherweise beruht diese Aktivierungsmethode nicht auf Aberglaube, sondern lässt sich in wissenschaftlichen Untersuchungen bestätigen. Im Kampf, der eigentlich der Revierverteidigung dienen soll, fechten die Grillen mit ihren Antennen, beißen sich gegenseitig und ringen miteinander. Als Verliererin gilt die Grille, die den Kampfplatz verlässt.

Stielaugenfliegen (*Diopsidae*) machen sich das Leben leichter: Sie vergleichen den Abstand ihrer Stielaugen, bestimmen somit ihre Stärke und verzichten aufs Kämpfen.

# » Weltmeister im Hochsprung

Flöhe mit einer Körperlänge von 1,5 mm erreichen beim Springen eine Höhe von 20 cm bei einer maximalen Beschleunigung von 180 g (g = Erdbeschleunigung). Zum Vergleich: Die höchste Beschleunigung, die ein Mensch bisher überlebt hat, beträgt 10 g, und zwar beim Sturz einer Weltraumkapsel. Unbemannte Flugabwehrraketen erreichen 20 bis 30 g.

Doch der wahre Sprungweltmeister unter den Insekten ist die Wiesenschaumzikade *Philaenus spumarius*. Erst im Jahr 2003 wurde festgestellt, dass sie eine Höhe von 70 cm und eine Beschleunigung von 408 g erreichen kann. Die maximale aufgewendete Kraft dabei liegt beim 414-Fachen ihres Körpergewichts. Zum Vergleich: Bei Heuschrecken liegt sie beim 8-Fachen beim Menschen, beim 2- bis 3-Fachen des Körpergewichts.

Zu diesen Werten kommt noch hinzu, dass diese Flöhe und Zikaden sehr schnell, nämlich innerhalb etwa einer tausendstel Sekunde, sprungbereit sind. Und das auch bei sehr niedrigen Temperaturen! Vogelflöhe in den Alpen erbringen selbst bei 6 °C ihre volle Leistung. Doch wie erreichen Flöhe und Schaumzikaden solche Rekorde? Das Ergebnis der diesbezüglichen Forschungen ist verblüffend: Nicht die Muskeln sind für diese Hochleistung verantwortlich, denn Muskeln brauchen wesentlich längere Zeit zur Einleitung einer Bewegung sowie auch zur Erholung danach. Außerdem sind Muskeln nicht so effizient bei niedrigen Temperaturen. Statt Muskeln benutzen diese Tiere den gummiartigen Stoff Resilin, das sich in ihrer Brust am Ansatz der Beine befindet. Dieser Stoff besteht aus chemischen Ketten, die in angespanntem Zustand bis zu ihrer dreifachen Länge gestreckt sind. Die Spannung wird gelöst, wie wenn man ein gespanntes Gummiband plötzlich loslässt. Eine schnelle Bewegung durch die Entspannung von Resilin ist weitgehend temperaturunabhängig, weil es sich um einen rein physikalischen Prozess handelt, im Gegensatz zu den biochemischen Vorgängen in Muskeln.

11 % des Körpergewichts von Flöhen oder Schaumzikaden bestehen aus diesem resilinhaltigen Sprungorgan. Doch nicht nur bei diesen Insekten kommt Resilin vor. Es findet sich bei flugfähigen Insekten auch im Ansatz ihrer Flügel und ermöglicht ihnen ein extrem schnelles Flattern. Nach heutigem Forschungsstand deutet alles daruf hin, dass Flöhe von Insekten abstammen, die ihre Flügel verloren haben. Ferner tritt Resilin in den flinken Armen von Fangschreckenkrebsen, im lauten Zirporgan von Zikaden und im Generator für Ultraschall, den manche Motten zur Verzerrung des Ultraschalls von jagenden Fledermäusen benutzen, auf. Auch die circa einen Zentimeter großen, sogenannten Schnellkäfer benutzen Resilin. Sie springen bis zu 30 cm hoch, um ihren Feinden zu entgehen.

Resilin ähnelt im menschlichen Organismus sehr dem Elastin, das Bestandteil unserer Stimmbänder und der Wände von Arterien ist. In Muscheln wirkt eine ähnliche Substanz, das Abduktin. Es kontrolliert das schnelle Öffnen der sonst fest verschlossenen Schalen.

KRIBBELN IM RÜSSEL

## » Ameisen gegen Elefanten

Die Flötenakazie *Acacia drepanolobium* in den Savannen Afrikas erhielt ihren Namen daher, dass der Wind einen Pfeifton erzeugt, wenn er durch die löchrigen Dornen der Pflanze bläst. Diese Pflanze lebt in Symbiose mit Ameisen der Gattung *Crematogaster*. Die Ameisen schützen die Pflanzen vor den Elefanten. Sie kriechen nämlich ins Innere der hochempfindlichen Rüssel und beißen sie dort.

Die Pflanzen revanchieren sich bei den Ameisen mit für sie nahrhaften Galläpfeln und Nektar, der nicht nur in den Blumen erzeugt wird.

Wie Satellitenfotos zeigen, ist die Anwesenheit dieser Ameisen von entscheidender Bedeutung für den Bestand von Waldflächen in einigen Gegenden Ostafrikas. Gegen einen übermäßigen Pflanzenwuchs sorgen dagegen die Giraffen, die sich die angreifenden Ameisen mit ihren widerstandsfähigen, langen Zungen von den Mundwinkeln abwischen.

DIE INSEKTEN SCHLAGEN UNS

## » Anpassung an Klimawechsel und Schadstoffbelastung

Gliederfüßer können sich bekanntlich sehr schnell genetisch an veränderte Umweltbedingungen anpassen. Ein Beleg dafür sind Resistenzen gegen Pestizide. Dabei sind sie uns weit überlegen. Ihre Generationszeit ist viel kürzer, was eine schnellere Auswahl der am besten angepassten Tieren ermöglicht. Sie beträgt zum Beispiel bei der Fruchtfliege nur 10 bis 12 Tage.

So wie auf Pestizide reagieren Gliederfüßer auch auf Veränderungen, die uns Menschen stark belasten. Ein Beispiel war die Reaktion der Ruderfußkrebse *Leptodiaptomus minutus* auf eine Seeverseuchung mit Schwefeldioxid in Killarney, Kanada, um 1950. Verblüffend ist nicht nur, dass sich die Krebse an diese Veränderung anpassten, sondern auch, dass sie nach dem Rückgang der Vergiftung um 1995 genetisch auf den Stand vor 1950 zurückkehrten.

Ein weiteres Beispiel sind die Springschwänze *Orchesella cincta* in Kiefenrwäldern der Niederlande, die mit Schwermetallen belastet waren. Auch hier gelang es den Tieren durch eine günstige Veränderung ihres sogenannten *Mt*-Gens als Art zu überleben. Dieses Gen bewirkt die Entstehung des Proteins Metallothionein, das die Entsorgung von Schwermetallen im Organismus steuert.

In Zeiten des Klimawechsels ist ein besonderes Gen wichtig, das sogenannte «Party-Gen». Es heißt so, weil es die Entstehung des Enzyms Alkoholdehydrogenase (ADH) steuert, das bei uns den Abbau von Alkohol (Äthanol) ermöglicht. Die Fruchtfliege *Drosophila* ernährt sich von verwesenden Früchten, die oft schon im Gärprozess begriffen sind, und kann dabei ständig einen Spiegel von über 4 % Äthanol (40 Promille!) in ihrem Körper haben. Das entspricht in etwa der Konzentration von Alkohol in Bier. Die Fruchtfliege speichert das Äthanol, um es mit dem Enzym ADH, anders als beim Menschen, in Energie umzuwandeln. Als wäre das nicht genug, begünstigt eine Variante des ADH-Gens die Hitzeresistenz der Fliege. Denn durch Änderung der Gestalt des ADH-Moleküls kann sich die sogenannte «Knockdown»-Temperatur, bei der der Stoffwechsel des Insekts nicht mehr funktioniert, erhöhen. Durch die allgemeine Erwärmung setzten sich so in Südaustralien Mutationen durch, die dem ADH-Gen von Tieren ähneln, die vier Breitengrade nördlicher leben und die immer seltener werden.

Ausführlich wurde über die Mücke *Wyeomyia smithii* berichtet, deren Larven sich in den wassergefüllten Blättern der Roten Schlauchpflanze *Sarracenia purpurea* entwickeln. Ihr Winterschlaf beginnt bzw. endet, wenn die Tageslänge, bestimmt durch die Temperatur, einen bestimmten Wert unterschreitet bzw. überschreitet. Untersuchungen in Nordamerika zwischen 1972 und 1996 zeigten eine genetische Veränderung, die die Winterschlafphase an die wärmeren Winter anpasst. Leider verschiebt sich ihr Lebenszyklus dadurch dermaßen, dass einige Vogelarten, die sich normalerweise von dieser Mücke ernähren und sich in ihrem Entwicklungszyklus nicht so einfach an den Klimawechsel anpassen konnten, heute gefährdet sind.

INTERKONTINENTAL

## » Ameisen-Superstaaten, Tausende Kilometer lang

Bis zum Jahr 2000 war man davon überzeugt, dass, abgesehen von Menschen, Ameisen auf der Insel Hokkaido die größte biologische Gemeinschaft bilden. Man berichtete von 45.000 miteinander verbundenen Nestern auf einer Fläche von 2,6 Quadratkilometern mit 300 Millionen Arbeiterinnen und circa einer Million Königinnen. Später fand man solche Superkolonien auf allen Kontinenten. Sie alle stammten von der durch Lebensmitteltransporte seit circa hundert Jahren exportierten argentinischen Ameise *Linepithema humile*. Die größte bislang gefundene Kolonie erstreckt sich über 6.000 Kilometer entlang der Küste von Portugal, Spanien, Frankreich und Italien. Die Ameisen solcher Superkolonien kooperieren in allen Aktivitäten, wie Nahrungsbeschaffung, Nestbau und Aufzucht des Nachwuchses. Allerdings gibt es nahe der meisten Superkolonien kleinere Kolonien, in denen die Ameisen zwar auch untereinander kooperieren, nicht jedoch mit den Mitgliedern der größeren Kolonie. In der Nähe der bereits erwähnten 6.000 km langen südeuropäischen Superkolonie gibt es in Katalonien eine kleinere Kolonie, deren Mitglieder bei Begegnung mit Ameisen der Superkolonie bis zum Tode kämpfen.

Im Jahr 2010 sammelte die Gruppe um Neil Tsutsui in Berkeley, Kalifornien, Ameisen der aus Argentinien eingeschleppten Kolonien in Asien, Europa, Nordamerika, Hawaii, Neuseeland und Australien. Diese Forschungsgruppe testete die Kampfbereitschaft der Ameisen mit Angehörigen anderer Kolonien im Labor. Dabei zeigte sich, dass die Ameisen aus den größten Kolonien in Japan, Europa, Neuseeland und Hawaii friedlich miteinander umgingen. Dagegen bekriegten sich Mitglieder der größten Kolonien in Australien und Kalifornien sowie Mitglieder kleinerer Kolonien verschiedener Regionen miteinander. Die Forscher zeigten auch, dass Ameisen, die friedlich miteinander umgingen, die gleichen Genprofile haben und die gleichen Geruchsstoffe erzeugen, was aber für jene, die miteinander kämpften, nicht zutraf.

Auch die argentinischen Vorfahren dieser Ameisen bilden Superkolonien, allerdings viel kleinere, nämlich nur bis zu einigen Hundert Metern lang. Weltweit miteinander kooperierende Ameisen stammen möglicherweise aus einer einzigen Superkolonie in Argentinien, miteinander kämpfende dagegen aus unterschiedlichen argentinischen Kolonien. Vermutlich fanden alle Kolonien in den neu besiedelten Regionen günstigere Lebensbedingungen, verdrängten dort die einheimischen Ameisen und konnten sich großflächig ausbreiten.

ONKEL TOMS AMEISENSTAAT

## » Ohne Sklaven läuft nichts

Ungefähr 9000 Ameisenarten sind bekannt. 200 Arten unternehmen Sklavenraubzüge zu artfremden Nestern, um sich zusätzliche Arbeitskräfte zu beschaffen, obwohl einige der sklavenhaltenden Arten auch ohne Sklaven zurechtkommen könnten. Es gibt allerdings Arten, wie die in Europa beheimatete Amazonenameise *Polyergus rufescens*, die ohne Sklaven gar nicht auskommen. Auf sich selbst gestellt sind sie tatsächlich unfähig, nach Futter zu suchen, Larven zu füttern und das Nest sauber zu halten. Die einzige «Arbeit», die die *Polyergus*-Arbeiterinnen verrichten können, besteht darin, dass sie im Umkreis von 100 bis 150 Metern in Nestern der Gattung *Formica* die Bewohner vertreiben und dort die Puppen rauben. Pro Woche unternehmen sie ca. zwei solcher Raubzüge. Die aus den geraubten Puppen schlüpfenden *Formica*-Ameisen übernehmen dann die Arbeiten im gemischten Staat.

Zu den Raubzügen der *Polyergus* gesellen sich die geflügelten Männchen und Weibchen, die dabei auf den sonst in der Ameisenwelt üblichen «Hochzeitsflug» verzichten. Sie paaren sich einfach mitten im vorrückenden Raubzughaufen. Ein Weibchen verliert nach der Paarung die Flügel und verlässt die kriegerische Kolonne, um sich ein möglichst weitentferntes *Formica*-Nest zu suchen. Mit der Gewalt ihrer Beißwerkzeuge dringt sie dort ein, schleicht sich zur *Formica*-Königin, tötet sie und übernimmt das Nest als neue Königin. Doch warum bleibt sie nicht bei ihren Mitläufern im Raubzug und nutzt den Tumult des Puppenraubs, um die Königin des überfallenen *Formica*-Nests zu töten? Das wäre keine gute Wahl. Sie müsste im ersten Schritt mit den anderen Weibchen des Raubzugs konkurrieren. Und schließlich läge ihre neue *Polyergus*-Kolonie in der Nähe ihrer Heimatkolonie. Da jedoch *Polyergus*-Ameisen ein stark territoriales Verhalten besitzen, dulden sie keine konkurrierenden, sklavenhaltenden Nester in ihrer Nähe.

Nun bleibt noch die Frage, wie sich das *Polyergus*-Weibchen nach der Tötung der *Formica*-Königin in einem fremden Nest durchsetzen kann. Sie greift zu einem Trick: Nach der Tötung leckt sie eifrig eine ständig ausgeschwitzte Körperflüssigkeit ihres Opfers aus. Damit erzeugt sie einen Geruch, der das gesamte *Formica*-Volk so betört, dass sie innerhalb von Sekunden als Königin angenommen wird. Wie unter einer Droge nähern sich die Arbeiterinnen der neuen Königin und pflegen sie, als wäre nichts gewesen. Manchmal sind noch weitere Königinnen im Nest, bei *Formica*-Arten bis zu 25, doch diese kann die usurpierende Amazone in aller Ruhe und mit dem Wohlwollen des Volkes nach und nach umbringen. Nach einiger Zeit erzeugt sie eigene Nachkommen – bis zu etwa 2000 in einem Nest mit 5000 Tieren. Ihre Sprösslinge, die von den versklavten *Formica*-Ameisen gefüttert und gepflegt werden, sind lediglich dazu bestimmt, neue *Formica*-Nester zu plündern.

# » Insekten und Kirche

In Goethes Faust stellt sich Mephistopheles vor als «Der Herr der Ratten und der Mäuse/Der Fliegen, Frösche, Wanzen, Läuse». Dieses Bild spiegelt die Einstellung der Kirche gegenüber Tieren vom 9. Jahrhundert bis zum Anfang des 20. Jahrhunderts wider. Erstaunlicherweise ging die Kirche in diesem Zeitraum sogar gerichtlich gegen «böse» Tiere, einschließlich Insekten, vor. Die ersten Prozesse richteten sich im Jahr 824 gegen Maulwürfe im Aosta-Tal und im Jahr 886 gegen Heuschrecken in der Nähe von Rom. Der letzte bekannte Fall mit Insekten betraf auch Heuschrecken, und zwar in Požega, Kroatien, im Jahr 1866. Noch 1906 wurde in Delémont in der Schweiz ein Hund wegen Komplizenschaft zu einem Mord verurteilt.

Doch was bewegte die Kirche, Gerichtsverhandlungen gegen Tiere vorzunehmen? Ihrer Ansicht nach konnten Tiere Instrumente des Teufels werden. Die Kirche übte dann durch eine Verurteilung metaphysische Macht aus, da ansonsten der Teufel eine Art Freibrief erteilt bekommen hätte. Gestützt wurde diese Haltung zum Beispiel durch die biblische Bestrafung der Schlange, für immer auf dem Bauch zu kriechen und Staub zu fressen. Hinzu kamen unzählige Volksmärchen, wie zum Beispiel das der Termitenplage in *Piedade de Maranhão*, Brasilien, im Jahr 1713, die durch ein Gerichtsurteil damit endete, dass die Termiten in Reihe und Glied zu einem ihnen zugeteilten Ort marschieren sollten und dies angeblich auch taten.

Die Urteile konnten vielfältiger Natur sein. Eine Form des Urteils war, wie im obigen Beispiel, die Anweisung an die Insekten, den Ort zu verlassen und sich anderswo anzusiedeln. Geschah dies nicht innerhalb einer gewissen Frist, so wurde dies auf die Sünden der dort wohnenden Menschen zurückgeführt. Im Prozess gegen den Rüsselkäfer *Rhynchites auratus*, der die Weinreben in St-Julien, Frankreich, um 1545 angriff, hatten die Käfer einen so guten Verteidiger, den von der Kirche ernannten Anwalt Claude Morel, dass sie den Prozess gewannen. Die Schuld wurde dann schon im ersten Urteilsspruch den Sünden der Leute zugeschrieben und eine Reihe von Messen wurde angeordnet. Urteile konnten allerdings auch verfügen, dass sich der Verteidiger einem Exorzismus unterziehen musste. Ein andersgearteter, kurioser Fall von Exorzismus war der eines Mädchens und in der Nähe von Sankt Joachimstal im Erzgebirge im Jahr 1559. Nachdem das Mädchen beim Trinken eine Fliege verschluckt hatte und krank geworden war, wurde eine Teufelsaustreibung durchgeführt. Man behauptete, dass die Fliege – und somit auch das Mädchen – vom Teufel besessen waren.

In jedem Fall waren die gerichtlichen Urteile als Verfluchungen, nicht jedoch als Exkommunizierungen, d. h. als Ausschluss aus der Kirche zu verstehen, denn Tiere waren ja nie Teil der Kirche gewesen. Doch wie rechtfertigte die Kirche, dass Geschöpfe Gottes verflucht wurden? Der Bischof von Lausanne, Benedict de Montferrand, fand eine Lösung. Er argumentierte um 1479, dass es sich in einzelnen Fällen um Tiere handelte, die nicht auf der Arche Noahs waren und erst später als Teufelswerk entstanden seien.

DAS TICKEN IN DER WAND

## » Die Totenuhr

«... Alles war still, nur ein leises Klopfen klang regelmäßig wie der Pendelschlag einer Uhr in dem wüsten Raum. ‹Das ist die Totenuhr›, flüsterte die Prinzessin. ‹Der Holzwurm tut seine Arbeit im Dienst der Natur, er löst, was abgelebt ist, in seine Elemente.› Es wurde still im Holz. Nach einer Weile tickte der Wurm wieder, darauf ein zweiter. Sie hämmerten und nagten emsig: dahin, dahin, hinab! ...» Dieser

Text aus «Die verlorene Handschrift» von Gustav Freytag (1816–1895) und mehrere andere Texte der Weltliteratur wurden von dem Klopfen eines Insekts, genannt ‹die Totenuhr›, inspiriert. Das Klopfen gilt im Volksglauben als Zeichen des nahenden Todes. Anton Bruckner hat dieses unheimliche Geräusch sogar im Ausklang des Kopfsatzes seiner achten Sinfonie erklingen lassen.

Heute weiß man, dass bei diesem Geräusch zwei Insektenarten am Werk sind: der Pochkäfer *Xestobium rufovillosum* und die Stablaus *Trogium pulsatorium*. Sie ernähren sich von Pilzen in Baumrinden oder vom Totholz in Häusern. Beide sind Sekundärschädlinge. Bei einer Sanierung betroffener Häuser steht immer die Bekämpfung des Pilzbefalls im Vordergrund. Die Käfer erzeugen das klopfende Geräusch indem sie mit ihrem Kopf aufschlagen. Die Männchen alle 2 bis 10 Sekunden 4- bis 11-mal um die Weibchen anzulocken. Falls sie ihr Ziel nicht erreichen, beginnen sie wieder von vorn. Paarungsfreudige Weibchen bleiben stehen und antworten nach einer Pause in ähnlicher Weise. Ungeklärt ist noch, warum manchmal die Rollen vertauscht werden und die Weibchen mit einem ähnlichen Schema die Männchen rufen.

EIN RELIGIÖSES STREITOBJEKT

## » Der Bombardierkäfer

Kreationisten nennt man Menschen, die die biblische Schöpfungslehre wörtlich nehmen. Sie geben den Bombardierkäfer als Argument für ihren Glauben an. So behauptet zum Beispiel Duane Gish in seinem Buch *Dinosaurs: Those Terrible Lizards*, dass das «Feuern» des Bombardierkäfers, aufgrund seiner Komplexität und der ätzenden chemischen Wirkung, nicht durch einen darwinistischen Prozess erreicht werden konnte, ohne den Käfer während der dazu notwendigen Evolutionsschritte chemisch oder mechanisch zu verletzen. Deshalb muss diese Eigenschaft das Ergebnis einer Schöpfung durch ein höheres Wesen sein. Um welchen Mechanismus handelt es sich? Käfer der Unterfamilie *Brachininae* (Bombardierkäfer) speichern zwei Substanzen in getrennten Kammern ihres Hinterleibs: Hydrochinon und Wasserstoffperoxid. Werden diese Käfer von einem Feind, zum Beispiel einem Vogel oder einem Frosch, bedroht, so lassen sie diese Substanzen in einer sogenannten «Explosionskammer», die sich in der Nähe ihres Anus befindet, zusammenfließen. Diese Kammer besitzt besonders widerstandsfähige Wände und enthält Drüsen, die die Enzyme Katalase und Peroxidase erzeugen. Mithilfe dieser Enzyme wird das Hydrochinon in Chinon und Wasserstoff gespalten, während aus Wasserstoffperoxid Wasser und Sauerstoff entsteht. Wasserstoff und Sauerstoff werden dann durch die sogenannte Knallgasreaktion in 100 °C heißes Wasser umgewandelt, wobei ein lauter Knall entsteht. Zudem ist das im Wasser gelöste Chinon hochgiftig und ätzend.

Bei dieser Prozedur schließt sich die innere Öffnung der Explosionskammer durch ein Ventil, damit der Käfer nicht zu Schaden kommt. Doch es öffnet sich der Anus, aus dem die Reaktionsprodukte in Form einer heißen, tödlichen Dusche entweichen. Diese Dusche ist gebündelt und kann durch gelenkte Düsen in jede Richtung bis zu zwanzig Zentimeter weit reichen.

Die Bombardierkäfer sind flugunfähig und können nicht, wie andere Insekten, einfach wegfliegen, wenn sie sich bedroht fühlen. Doch durch ihr «Feuern» ist es ihnen möglich, sich gegen wesentlich größere Feinde zu behaupten. In Europa bekannt, obwohl in einigen Gegenden ausgestorben, sind der Kleine Bombardierkäfer *Brachinus explodens*, der 7,5 Millimeter Länge erreicht, und der Große Bombardierkäfer *Brachinus crepitans*, der 10 Millimeter groß wird.

Ob der oben beschriebene Mechanismus für das «Feuern» des Bombardierkäfers durch die Evolution oder durch göttliche Schöpfung entstanden ist, ist allerdings nach wie vor ein Streitthema.

IM BERNSTEIN ENTDECKT …

## »… in Namibia lebendig

Insekten werden in Ordnungen unterteilt. Schmetterlinge, Bienen, Stabschrecken, Fliegen, Gottesanbeterinnen, Feldheuschrecken und Käfer gehören zu den dreißig Ordnungen, die zwischen 1915 und 1999 bekannt waren. Im Jahr 1999 jedoch fand der deutsche Doktorand Oliver Zompro aus dem Max-Planck-Institut in Plön ein Insekt in einem Bernsteinstück, das sich nirgends einordnen ließ. Dieses Insekt hatte die kräftigen Hinterbeine einer Heuschrecke, die stacheligen Fangarme einer Gottesanbeterin und war zugleich flügellos und lang gestreckt wie eine Stabschrecke.

Zompro schickte Fotos in alle Welt. Als Ergebnis erhielt er ein getrocknetes Insekt aus London, gefunden 1950 in Tansania, und ein in Alkohol konserviertes Insekt aus Berlin, gefunden vor hundert Jahren in Namibia. Beide ähnelten dem Fund im Bernsteinstück. Nachdem weitere Rückmeldungen über Funde in Namibia aus den Jahren 1998 bis 2001 eingingen, machte sich 2002 ein Team in die Namib-Wüste auf und wurde fündig. Zompro nannte das neu entdeckte Insekt wegen der helmartigen Form des Larvenkopfes »Gladiator«. Es gehörte zu einer neuen Ordnung, der einunddreißigsten, die den Namen *Mantophasmatodea* erhielt.

ALIENS

## » Außerirdische Höhlenbewohner, zig Millionen Jahre eingeschlossen

Im Jahr 1689 beschrieb der Slowene Janez Vajkard Valvasor erstmals ein unwirklich aussehendes, weißes, blindes, schlangenartiges Tier, das in einer Höhle gefunden worden war. Bald verbreitete sich die Nachricht, dass es sich dabei um einen «Babydrachen» handeln müsse, doch später ordnete man das Tier den Salamandern zu und nannte es *Proteus anguinus*. Es folgten Entdeckungen von weiteren kleinen «Monstern» in Höhlen, darunter einer großen Zahl von Insekten: Lauf-, Aas- und Rüsselkäfer, Fliegen, Köcherfliegen, Springschwänze, Schaben und Springschrecken. In Höhlen, in denen völlige Dunkelheit herrscht, haben diese Tiere einiges gemeinsam. Zum einen sind sie fast oder vollkommen blind, wobei in einigen Fällen die Augenhöhlen in Fettreserven umgewandelt wurden. Sie orientieren sich mit sehr empfindlichen Fühlern, über die sie Düfte oder Luftbewegungen wahrnehmen können. Zudem haben sie keine Pigmente, da sie keinen UV-Schutz benötigen. Sie sind also weiß. Derartige Höhlentiere haben keine oder nur verstümmelte Flügel und sie fühlen sich bei 95–100 % Luftfeuchtigkeit am wohlsten. Ihre Beine sind sehr lang und verfügen über starke Krallen, um sich am Gestein festzuhalten.

Wovon können sich solche Tiere ernähren, abgesehen von Kot und toten Höhlengenossen? Dazu muss man wissen, dass es unterschiedliche Arten von Höhlen gibt. Eine der Höhlenarten etwa verfügt über einen Zugang nach draußen, sodass sie von anderen Tieren, wie z. B. Schmetterlingen, zum Überwintern genutzt werden oder Fledermäusen regelmäßig ein Zuhause bieten. Zu dieser Höhlenart gehört die «Cueva del Guano» in Venezuela. Dort lebt der größte Hundertfüßer der Welt, *Scolopendra gigantea*, der mit seiner Länge von bis zu 30 cm und 15 Gramm Körpergewicht mühelos eine an der Decke hängende, 16 Gramm schwere Fledermaus vergiften kann, um dann Teile davon zu fressen.

Eine weitere Art von Höhlen ist zwar für andere Tiere verschlossen, erhält aber Nahrung durch Wurzeln, die ihren Weg in die Höhle gefunden haben, durch unterirdische Bäche, die die Höhle durchlaufen, oder durch nährstoffhaltiges Tropfwasser von oben. Am spektakulärsten sind aber völlig abgeschlossene Höhlen – man hat zwölf davon weltweit gefunden –, die die Ernährung nicht aus «unserer Welt» beziehen, also letztendlich nicht aus der Energie der Sonne, sondern aus Bakterien, die Sulfide oxidieren, um dann zusammen mit $CO_2$ alle Höhlenmitbewohner mit Nährstoffen zu versorgen.

In der im Jahr 2006 entdeckten, völlig geschlossenen Ayalon-Höhle in Israel fand man, dass auch kein Wasser aus «unserer Welt» in sie eindringt, sodass man es sozusagen mit «echten Außerirdischen» zu tun hat. Man vermutet, dass die Tiere in dieser Höhle seit dem Tertiär (vor 65 bis zu 2,6 Millionen Jahren) eingeschlossen waren.

RIESENLIBELLEN UND TAUSENDFÜSSER

## » Größer als ein Mensch?

Nach heutigem Wissen war das größte Insekt aller Zeiten die Riesenlibelle *Meganeuropsis permiana*, die im Oberkarbon vor circa 300 Millionen Jahren lebte. Ihre Flügelspannweite betrug bis zu 75 cm und sie unterschied sich in der Form ihres Körperbaus kaum von den heutigen Libellen. Auch andere Insekten waren im Allgemeinem größer als die heutigen Arten, so zum Beispiel die *Palaeodictyoptera*, die wie riesige Eintagsfliegen mit Libellenflügeln aussahen und Flügelspannweiten von 56 cm erreichten. Sie gehörten zu einer ausgestorbenen Insektenordnung. Beschränkt man sich nicht auf Insekten und zieht verwandte Tiere mit ein, so sind die Rekordhalter die Tausendfüßer *Arthropleura*, mit einer Länge von etwa 2,5 Metern und einer Breite von 45 cm. Äußerst beeindruckend sind ihre Fußspuren, die wie lange, gerade Fahrradspuren aussehen. Etwa zeitgleich zu den *Arthropleura* und den Riesenlibellen lebten die Seeskorpione *Eurypterida*. Auch sie erreichten eine Länge von circa 2,5 Metern, wobei allein die Kauzangen 46 cm lang sein konnten.

Doch warum konnten diese Tiere größer als die heute lebenden, ähnlich aussehenden Tiere werden? Man erklärt dies damit, dass ihre Atmung durch starre Röhrchen, den sogenannten Tracheen erfolgte, durch die Sauerstoff bzw. Kohlendioxid durch Druckgefälle ein- bzw. ausströmt. Da aber damals der Sauerstoffgehalt der Luft ca. 32 % statt wie heute 21 % betrug, war das Druckgefälle des Sauerstoffs größer und dieser konnte deshalb in größere Tiere eindringen. Diese Erklärung gilt allerdings heute als unvollständig. Im Jahr 2003 entdeckte man, dass gewisse Laufkäfer, wie Grillen und Ameisen rhythmische Bewegungen ihrer Tracheen ausführen, sodass diese in beschränktem Maß wie eine Lunge wirken. Es ist vor diesem Hintergrund durchaus denkbar, dass auch die Urinsekten solch einen Atmungsmechanismus benutzten und deshalb mehr Sauerstoff einatmen konnten. Diese Hypothese wird auch dadurch unterstützt, dass vor circa 200 Millionen Jahren, also lange nach dem Oberkarbon, die Insekten im Durchschnitt dreimal größer waren als heute, obwohl der Sauerstoffgehalt der Atmosphäre schon etwa so niedrig war wie heute.

DIE TIEFSEE

## » Wie ein fremder Planet

In einer Expedition zu dem mehr als 5000 Meter tiefen Galapagosgraben im Jahr 1977 untersuchte man erstmals ein Ökosystem, das so fremdartig ist wie auf einem anderen Planeten: einen Unterwasservulkan mit von ihm abhängigen Lebewesen. Diese Lebewesen nutzen nicht das Sonnenlicht, sondern die Energie des Vulkans, und zwar mithilfe von Bakterien. Es gibt viele Ketten solcher Vulkane über eine Länge von insgesamt 80.000 Kilometern. Nach der Eisen-Schwefel-Theorie des Münchner Chemikers Günter Wächtershauser ist das Leben auf der Erde an solchen Unterwasservulkanen entstanden.

Vor den Untersuchungen im Galapagosgraben kannte man bereits Leben am Meeresboden. Es bezog seine Energie aus dem sogenannten Meeresschnee, d. h. aus Partikeln toter Lebewesen, die zu Boden fallen. Bekannt waren außerdem Ökosysteme, die sich in und um die Kadaver großer Tiere, wie etwa Walen, bildeten. Auch dort spielten Bakterien eine wichtige Rolle. Doch wegen ihrer starken energetischen Verbundenheit zu unserer «Oberwelt» werde ich in diesem Buch nicht auf eine solche Fauna eingehen, sondern nur auf jene, die an Vulkane gebunden ist.

In den letzten 25 Jahren hat man insgesamt 600 Arten an Unterwasservulkanen gefunden. Allein von der Ordnung der Zehnfußkrebse (Dekapoden), zu denen Garnelen, Hummer und Krabben gehören, kennt man mittlerweile 125 dort lebende Arten aus 33 Familien. Dabei gehören die Dekapoden zur dominanten Fauna von wirbellosen Tieren an den Vulkanen der meisten Ozeane. Natürlich werden bei starken Eruptionen riesige Ökosysteme zerstört. Allerdings gefährden solche Eruptionen nicht ganze Arten von Dekapoden, denn ihre winzigen Larven lassen sich mit den Meeresströmungen treiben, sodass fast jede Art Vulkane besiedeln kann, die weit voneinander entfernt sind. Ein Beispiel bilden die Loihi-Garnelen, die in Vulkanen des Marianenbogens gefunden wurden, nachdem sie in der Nähe vom mehr als 6000 Kilometer entfernten Hawaii entdeckt worden waren.

Wie also ist Leben unter diesen Bedingungen möglich? Größtenteils durch die sogenannten bakteriellen Chemosynthesen, die Energie liefern, doch im Gegensatz zur Fotosynthese kein Sonnenlicht benötigen. Wichtige Bakterien, die Chemosynthese in der Nähe von Unterwasservulkanen betreiben, sind:

» Schwefeloxidierende Bakterien, die Schwefelwasserstoff plus Sauerstoff in Schwefelsäure umwandeln. Manche Arten wandeln sogar elementaren Schwefel plus Wasser in Schwefelsäure um.

» Metanotrophe Bakterien, die vulkanisches Methan plus Sauerstoff in Methanol umwandeln.
» Eisen- bzw. manganoxidierende Bakterien, die Eisen (II) bzw. Mangan (II) mit Sauerstoff in Eisen (III) bzw. Mangan (III) umwandeln.

Die Energie aus diesen Reaktionen wird in den Organismen in ATP (Adenosintriphosphat), den universellen und schnellen Energielieferanten aller Lebewesen, gespeichert. Jedoch kommt keine dieser Reaktionen ohne Sauerstoff aus. Der notwendige Sauerstoff stammt aus oberen Wasserschichten und bildet damit die einzige «Nabelschnur» zu der Welt, in der wir leben. Es gibt aber eine Ausnahme, bei der Leben in Unterwasservulkanen völlig autonom, also ohne Sauerstoff auskommen kann. Dies ist durch eine Variante der Fotosynthese mit dem durch vulkanische Eruptionen entstehenden Licht möglich. Bei diesem Vorgang wird Schwefelwasserstoff durch *Chlorobiaceae* (grüne Schwefelbakterien) oxidiert. Mit dieser Entdeckung fand man im Jahr 2005 ein Ökosystem auf unserem Planeten, das völlig unabhängig vom Rest der Erde existieren kann.

Chemosynthese betreibende Bakterien leben in Filamenten oder Matten auf dem Gestein, innerhalb der Zellen von Tiefseebewohnern (Endosymbiose) oder auf der Oberfläche solcher Lebewesen (Episymbiose). So zum Beispiel die Yeti-Krabbe *Kiwa hirsuta*, die man im Jahr 2005 im Pazifischen Ozean nahe der Antarktis entdeckte. Der Körper dieser Krabbe ist mit schwefeloxidierenden Bakterienfilamenten bedeckt. Während die Krabbe für die räumliche Verbreitung der Bakterien sorgt, erhält sie die von den Bakterien erzeugte Nahrung. Ein weiteres interessantes dort lebendes Tier ist die 2012 entdeckte geisterhaft blasse, augenlose Garnele *Rimicaris hybisae*. Diese Garnele, die ebenfalls episymbiontisch mit Bakterien lebt, tummelt sich mit circa 2000 gleichartigen Tieren pro Quadratmeter nahe des Kraters des Mount Dent. Die Spitze dieses 3000 Meter hohen Vulkans südlich der Cayman-Inseln, liegt etwa 3000 Meter unter der Meeresoberfläche. Erwähnenswert ist auch die 1998 entdeckte Skelett-Krabbe *Caprella bathytatos*, die in der Nähe von Unterwasservulkanen in den Mundwerkzeugen der viel größeren Krabbe *Macroregonia macrochira* lebt und die aussieht, als würde sie aus einer anderen Welt stammen.

Würde alles Leben auf der Erdoberfläche ausgelöscht, hätten die Ökosysteme der Unterwasservulkane wohl die höchste Überlebenschance. Es ist auch denkbar, dass unter der Eisoberfläche des Jupiter-Mondes Europa Ökosysteme existieren, ähnlich denen, die bei uns Nahrungssynthese mithilfe von Licht aus Vulkanaktivität betreiben. Es ist aber erstaunlich, dass, soweit mir bekannt ist, bisher kein *Science-Fiction*-Autor solche Lebensräume als Handlungskulisse verwendet hat.

KRYPTOBIOSE

## » Werden Tote lebendig?

Als der niederländische Naturforscher Leeuwenhoek 1702 Beobachtungen von Tümpelwasser mit seinem Mikroskop durchführte, war er verblüfft. Denn nach dem Austrocknen eines Wassertropfens und dem scheinbaren Tod von kleinen Wasserbewohnern wurden diese nach erneutem Befeuchten wieder lebendig.

Im Allgemeinem spricht man bei diesem Phänomen von Kryptobiose. Man findet es z. B. bei den Eiern des Krebses *Artemia salina*, die als Zierfischfutter verwendet und in den USA für Kinder als «*instant pets*» vermarktet werden, oder bei der Larve der Zuckmücke

*Polypedilum vanderplanki*. Die Kryptobiose ermöglicht es, diese im Wasser lebenden Tieren bei Austrocknung ihres Lebensraums zu überleben.

Besonders faszinierend und gut erforschte kryptobiotische Tiere sind die sogenannten Wasserbären oder Bärtierchen (*Tardigrada*), die gemeinsame Vorfahren, nämlich die *Panarthropoda*, mit den Insekten und den Spinnentieren haben. Die millimetergroßen, achtbeinigen Bärtierchen leben im Wasser oder in feuchten Mooskissen. Werden die Lebensbedingungen durch Austrocknung ihres Biotops ungünstig, so nehmen sie eine tonnenähnliche Form an und können jahrelang so verharren. In dieser Form können sie extreme Bedingungen überleben: Temperaturen von –272 °C bis zu 77 °C (für kurze Zeit sogar bis zu 151 °C), Luftdruck nahe null und hohe, sonst tödliche Strahlung. Experimente zeigten, dass sie sogar im kalten Vakuum des Weltraums überleben.

Angesichts all dieser Beobachtungen ergeben sich zwei Fragen:

1. Sind diese Wesen während ihrer ruhenden Zustände tot oder lebendig?
2. Könnte die wiederholt geäußerte Vermutung stimmen, dass es sich bei den Bärtierchen um Lebewesen handelt, die aus dem Weltall auf die Erde gekommen sind?

Die erste Frage ist insofern berechtigt, als Leben traditionellerweise durch Stoffwechsel, Wachstum und Fortpflanzung definiert wird und diese Aktivitäten bei den hier betrachteten Wesen abgestellt werden. Um die Frage mit Ja zu beantworten, ist man gezwungen, Leben umzudefinieren, und zwar als organisierte räumliche Feinstruktur von Enzymen, biologischen Membranen usw. Diese räumliche Struktur wird bei der Kryptobiose aufrechterhalten, indem das Wasser im Organismus durch spezielle zähflüssige Zuckerarten ersetzt wird.

Die zweite Frage ist einerseits berechtigt, weil auf der Erde nie eine evolutionäre Anpassung an solch extreme Umweltbedingungen notwendig war. Dennoch gibt es eine innerweltliche Erklärung: Sobald die durch den Einbau von Zucker gebildete Struktur zum Überleben bei Trockenheit entstanden ist, ergibt sich die höhere Belastungstoleranz automatisch, als Extrabonus sozusagen, und nicht durch die Evolution.

AUS WEISS MACH SCHWARZ

## » Eine Motte entfacht religiösen Streit

Es ist verwunderlich, dass eine einfache Motte, nämlich der Birkenspanner *Biston betularia*, im Mittelpunkt von theologischen Auseinandersetzungen steht. Die Geschichte beginnt 1849, als man in England ein pechschwarzes Exemplar dieser sonst als hellweiß mit kleinen schwarzen Flecken bekannten Motte fand. Im Gegensatz dazu fand man um 1895 in hochindustrialisierten englischen Städten, wie Manchester, Birmingham und Liverpool, besonders häufig die schwarze Variante. 95 % bis 100 % dieser Motten waren schwarz und die weißen waren zur Rarität geworden. Ab 1950 kehrte sich alles wieder ins Gegenteil um, denn die weißen Motten verdrängten nach und nach die schwarzen Formen.

Eine Erklärung wurde im Jahr 1959 durch die Arbeit von Bernard Kettlewell von der Universität Oxford geliefert. Er postulierte, dass der im Zuge der industriellen Revolution abgegebene Ruß sowie die Ausrottung von weißen Flechten an den Baumrinden durch sauren Regen den weißen Motten weniger Schutz gegen Vögel bot, während die schwarzen Motten sich auf dem dunkleren Hintergrund gut tarnen konnten. Nachdem Maßnahmen gegen Industrieemissionen durchgeführt worden waren, nahm die Zahl der weißen wieder zu, da sie wieder besser angepasst waren. Diese einfache Erklärung wurde dann in den Schulen als ein anschauliches Beispiel für die Evolutionstherie gelehrt.

Zum Beweis seiner Erklärung hatte Kettlewell Motten beiderlei Farben an Baumrinden ausgesetzt und später die Falter wieder eingesammelt und gezählt. Er tat dies sowohl in einer stark industriell verschmutzten Gegend sowie auch in Gebieten ohne größere Verunreinigungen. Seine Ergebnisse deckten sich mit seinen Erwartungen: Je nach Umgebung fand er später mehr weiße oder mehr schwarze Motten. Allerdings lag bei einer zweiten, späteren Versuchsreihe die Zahl der eingesammelten, vermeintlich evolutiv angepassten Motten prozentuell wesentlich höher als bei den ersten Untersuchungen. Dies löste die Vermutung aus, er habe seinen Kritikern stärkere Beweise liefern wollen und die zweiten Ergebnisse gefälscht.

Die Angriffe gegen Kettlewell unterstützten die Attacken der Kreationisten, der Gegner der Evolutionstheorie, die an eine biblische Schöpfung glauben. Ihr Problem war, dass die Anpassung des Birkenspanners eine anschauliche und aktuelle Stütze für den Evolutionstheorie ist, welcher leicht und durch aktuelle Daten unterstützt in den Medien und den Schulen verbreitet werden kann.

Untersuchungen zwischen 2002 und 2007 rehabilitierten Kettlewell und führten unter den Evolutionsbefürwortern zur heutigen Meinung: Kettlewell habe zwar schlampig gearbeitet, doch seine Erklärung ist in sich stimmig.

DIE PEST

## » Freispruch für einen Floh

Um das Jahr 1346 lebten in Europa, dem Mittleren Osten und Nordafrika rund 100 Millionen Menschen. Doch innerhalb von wenigen

Jahren starben rund ein Viertel davon, und zwar durch die Pest. Bei der Verbreitung dieser Krankheit waren vier Akteure beteiligt: der Mensch, das Bakterium *Yersinia pestis*, die Schwarze Ratte *Rattus rattus* und der Floh *Xenopsylla cheopis*. Die Bakterien befallen die Flöhe, welche wiederum die Ratten befallen und töten. Wird die Zahl der noch lebenden Ratten zu gering, wird der Mensch durch den Floh und damit auch durch das Bakterium befallen.

Und nun das Plädoyer für den Floh: In Gegenden, in denen die Ratten nicht vorkamen, breitete sich die Krankheit nicht aus. Denn für die Ausbreitung der Epidemie sind in erster Linie die Wanderungen der Ratten, nicht aber die Ausbreitung der Flöhe entscheidend. Deshalb war es im Mittelalter völlig unsinnig, die erkrankten Menschen von den anderen zu isolieren, da die Ratten weite Strecken zurücklegen können.

Doch warum nahm diese Seuche damals ein Ende? Eine Theorie besagt, dass *Rattus rattus* durch *Rattus norvegicus*, die den Menschen meidet, verdrängt wurde. Eine andere Theorie besagt, dass *Yersina pestis* durch das für den Menschen gutartige Bakterium *Yersina pseudotuberculosis* verdrängt wurde. Der Floh jedenfalls überlebte und tötet für uns allerlei Rattenarten. Und der Mensch ist dank der Antibiotika auf jeden Fall in Sicherheit.

BLATTLAUSSOLDATEN UND IHRE FESTUNG

## » Ein Leben zum Verkleben

Die südjapanische Blattlaus *Nipponaphis monzeni* lebt in Gemeinschaften mit Tausenden von Tieren in bis zu 8 cm großen Galläpfeln von Eichen oder Hexenhaseln. Wird ihre Behausung durch eine räuberische Raupe durchbohrt, so eilen sofort Tiere der Blattlaus-Soldatenkaste zur Öffnung und scheiden einen Klebstoff aus, um die Öffnung zu schließen. Die Menge der Ausscheidungen ist so groß, dass die Tiere auf ein Drittel ihrer Körpergröße schrumpfen und tödlich mitverklebt werden. Der Duft des Klebstoffes lockt andere Soldaten an, sodass ein 1 bis 5 Millimeter großes Loch in 5 bis 90 Minuten durch eine Mischung von Klebstoff und Soldaten verschlossen wird. Der Klebstoff wirkt zudem anregend auf die Pflanze, um ihre Heilung zu bewirken. Bei künstlicher Behinderung der Reparaturaktion sterben 80 % der Galläpfel nach einem Angriff durch eine Raupe ab.

BABYS ALS WEBERSCHIFFCHEN

## » Ameisen bauen Zelte

Weberameisen kann man in Deutschland im Internet bestellen und als Hobby zu Hause halten. Dabei kann man beobachten, wie sie sich zeltähnliche Nester aus Blättern bauen. Sie biegen dazu die Blätter durch «Brücken», die aus mehreren Ameisen bestehen und die dadurch immer kürzer werden, dass die Ameisen innerhalb der Brücke nach und nach aufeinanderklettern. Nach dem Zusammenführen der getrennten Blätter halten Soldatenameisen die Blätter mit ihren kräftigen Kiefern fest, während Ameisen der Arbeiterkaste zu den Brutstellen gehen, um Ameisenlarven zu holen. Wozu? Da die Larven Seide produzieren, werden sie von ihren älteren Geschwistern wie Webeschiffchen zum Verbinden der Blätter eingesetzt. Als wäre dies nicht genug, werden die Larven noch wie Klebestifte eingesetzt, um Eingänge und Gänge des Nests mit ihren Ausscheidungen zu formen und zu tapezieren.

Man sollte sich allerdings nie zwei Ameisenkolonien nach Hause holen, da sie sich tagelang Kämpfe mit vielen Todesopfern liefern. In der Natur bilden sich nach wiederholten Kämpfen ameisenfreie Pufferzonen zwischen den jeweiligen Revieren.

# » Ein Käfer macht Insektengift zu Nahrung

Obwohl Stickstoff 78 % der Atmosphäre ausmacht, ist er Mangelware für die meisten Lebewesen, die ihn u. a. als Teil der DNA und der Proteine benötigen. Die schlechte Verfügbarkeit des Stickstoffs aus der Luft liegt daran, dass jedes Stickstoffatom der Luft stark an ein anderes Stickstoffatom gebunden ist. In dieser Form können die Atome nicht in lebenswichtige Substanzen, eingefügt werden. Deshalb düngt man Pflanzen mit Substanzen bei denen der Stickstoff so leicht gebunden ist, dass es biochemisch verwertet werden kann. Manche Pflanzen brauchen Bakterien an ihren Wurzeln, um den Stickstoff der Luft zu nutzen. Tiere wiederum sind auf die Pflanzen angewiesen, wenn sie ihren Stickstoffbedarf decken wollen.

Erstaunlicherweise deckt der Samenkäfer *Caryedes brasiliensis* einen großen Teil seines Stickstoffs genau aus jenem Stoff, den eine Pflanze entwickelte, um Insekten loszuwerden, nämlich aus dem Gift Canavanin.

Das Weibchen des Samenkäfers legt seine Eier an der noch unreifen Frucht des kletternden Hülsenfrüchtlers *Dioclea megacarpa* ab. Nachdem die Larven geschlüpft sind, fressen sie sich durch die Frucht und dann hinein in die Samenhülse. In einem einzelnen Samen entwickeln sich dann bis zu fünfzig solcher Käfer. Dort nehmen sie das Gift Canavanin mit der Nahrung auf.

Jedes Protein eines jeden Lebewesens besteht aus zusammengefalteten Ketten. Diese enthalten zwanzig Aminosäuren, darunter Arginin, welches sich so wenig von Canavanin unterscheidet, dass bei allen anderen Insekten Canavanin statt Arginin in die Proteine eingearbeitet wird. Dies erzeugt aber Fehler bei der Faltung der Aminosäurenkette, und diese Fehler verursachen die Bildung von Krüppeln unter den Insekten. Auf diese Weise wirkt Canavanin als

Gift. Ein Enzym, welches Arginin verarbeitet, die Arginyl-Transfer-RNA-Synthetase, ist aber bei dem Samenkäfer *Caryedes* so gebaut, dass es das Gift Canavanin erkennt und bei dem Einbau in Proteine verwirft.

Doch *Caryedes* scheidet Canavadin nicht aus. Er spaltet es in Canalin und Harnstoff, und Harnstoff dann in Ammoniak und Kohlendioxid. Mit dem Stickstoff des Ammoniaks baut der Käfer die Aminosäuren, die er zum Leben braucht. Dies hat allerdings einen Haken: Canalin ist ebenfalls giftig. Hat also der Käfer ein Gift gegen ein anderes ausgetauscht? Nein, denn er besitzt ein weiteres Enzym, das Canalin in Homoserin und Ammoniak zerlegt. Und auch das Homoserin liefert ihm Stickstoff, das er für die Synthese seiner Aminosäuren verwenden kann.

STATT PAARUNG

## » Reiten auf einem Stiel

Sogenannte Pseudoskorpione sind spinnenartige, skorpionähnliche, jedoch ungiftige Tiere. Sie werden bis zu 8 mm lang und fallen durch einen majestätisch aussehenden Gang auf, der schnell in eine rasche rückwärtslaufende Flucht wechseln kann. Sie leben zwischen Blättern oder unter Baumrinden und ernähren sich von kleineren Tieren, zum Beispiel von Milben.

Beeindruckend sind ihre «Dome», perfekte Halbkugeln, etwas größer als sie selbst, die sie aus Steinchen und Rindenstückchen bauen. Dabei verwenden sie ihre Seide als «Mörtel». In diesen Domen schließen sie sich vollständig ein, um sich zu häuten, Eier zu legen oder zu überwintern. Ebenfalls bemerkenswert ist ihre schlaue Methode zur Fortbewegung: Häufig hängen sie sich einfach an die Beinen von Weberknechten oder anderen größeren Tieren.

Am fremdartigsten ist jedoch ihr Sexualleben. Ein Weibchen signalisiert seine Bereitschaft zunächst, indem es völlig bewegungslos verharrt. Das Männchen baut dann einen Stiel aus Seide und deponiert darauf seinen Samen. Dann besamt sich das Weibchen selbst durch «Reiten» auf dem Stiel.

KEINER HÖRT IHN

## » Der Ultraschallkrieg zwischen Insekten und Fledermäusen

Fledermäuse senden bekanntlich Ultraschall aus, um sich durch das Echo zu orientieren und Beute zu orten. Doch es haben sich schon seit 65 Millionen Jahren verschiedene Beutetiere der Fledermäuse, wie etwa Blatthorn- und Sandlaufkäfer, Florfliegen, Grillen, Maulwurfsgrillen, Motten und Heuschrecken, durch effiziente Hörorgane zu wehren gewusst. Dazu verfügen sie über sensible Trommelfelle und über ein Nervensystem, das innerhalb von zwei tausendstel Sekunden reagiert. Nehmen diese Insekten das Fledermaussignal war, so ergreifen sie blitzschnell die Flucht oder lassen sich einfach fallen.

Eine Unterfamilie von Mottenarten, nämlich die des Bärenspinners (*Arctiinae*) hat es noch weiter gebracht. Viele Arten dieser Familie senden selbst Ultraschallsignale aus, um ihre Sicherheit noch weiter zu erhöhen. Die Folgen solch eines Gegenzugs sind mannigfaltig. Normalerweise ist es so, dass «unerwartete» Signale die Fledermäuse für eine kurze Zeit verwirren und die Motten diese Zeit zur Flucht nutzen.

Einige Mottenarten haben aber noch wirksamere Strategien entwickelt. Die nordamerikanische schneeweiße Motte *Cycnia tenera* benutzt ein spezielles Ultraschallsignal, um die Fledermäuse zu warnen. Denn ihre Raupe ernährt sich unter anderem von giftigen Pflanzen, deren Gift im erwachsenen Tier gespeichert bleibt, ohne dabei die Motte zu schädigen. Große Mengen dieses Gifts sind tödlich, kleinere Mengen schmecken bitter. Kleine Mengen «lehren» die Fledermäuse, diese Motten durch ihr Motten-Ultraschallsignal zu meiden.

Die Motte *Euchaetes egle* kann man mit Fug und Recht als «lügende» Motte bezeichnen. Sie speichert kein Gift, sendet jedoch das gleiche Warnsignal wie die giftbeladene *Cygnia* aus und ist dadurch in Sicherheit. Wiederum anders geht die Motte *Syntomeida epilais* vor. Auch sie enthält Gift und sendet das Signal der *Cygnia tenera* aus, um mit Letzterer zu kooperieren. Gemeinsamkeit macht stark. Es reicht vollkommen, wenn die Fledermäuse nur mit einer Art schlechte Erfahrungen machen, damit die andere Art gleich mitgeschützt ist.

Am kompliziertesten ist die Strategie der Motte *Bertholdia trigona*. Diese sendet ein Signal aus, das sich mit dem Echo des Fledermaussignals überlagert. Das dabei entstehende Mischsignal setzt tatsächlich die Signalverarbeitung im Nervensystem der Fledermaus für eine gewisse Zeit elektrophysiologisch außer Kraft.

Allerdings haben sich die schneeweiße *Cygnia tenera* und einige ihrer Verwandten den Spruch «Make love, not war» sehr zu Herzen genommen: Sie benutzten ihre Ultraschallquelle auch zur Balz.

EINFACH GIFTIG

## » Giftfresser und falsche Giftige

Die Raupen von Schmetterlingen der Gattung *Heliconius* ernähren sich von Früchten der Passionsblumengewächse. Unter diesen Gewächsen gibt es sowohl giftige Arten wie auch unigiftige, wie die bei uns als Maracuja bekannte Frucht. Die *Heliconius*-Larven bevorzugen aber die giftigen, denn auch die Schmetterlinge tragen später das gespeicherte Gift und werden deshalb von Vögeln gemieden. Der

Trick dabei ist allerdings, dass die Giftmenge einer Schmetterlingsmahlzeit nicht ausreicht, um einen Vogel zu töten. Der Vogel fühlt sich nur sehr elend, manchmal erbricht er sogar. Er lernt dabei, diese Schmetterlingsgattung in Zukunft zu meiden. Der Schmetterling hat eine besondere Form und Färbung, um von dem Vogel visuell erkannt zu werden. Nur so muss kein erneuter Geschmackstest durch den Vogel erfolgen.

Im Kontext der oben beschriebenen giftigen Schmetterlinge entdeckte Henry Walter Bates in Brasilien um 1850 die nach ihm benannte Bates'sche Mimikry. Danach gibt es ungiftige Schmetterlingsarten, die den giftigen sehr ähnlich sehen. Natürlich werden dann auch die ungiftigen Schmetterlinge von den Vögeln gemieden. Aber auch dieser Trick funktioniert nur dann, wenn die Population der ungiftigen Arten wesentlich geringer ist als die der giftigen, denn sonst würden die Vögel meist gute Erfahrungen machen und daher auch die giftigen Schmetterlinge jagen. Ein Beispiel für die Bate'sche Mimikry in Deutschland sind zwei vom Aussterben bedrohte Falter: das ungiftige Weißfleck-Widderchen *Amata phegea* und das giftige Veränderliche Widderchen *Zygaena ephialtes*, die sich sehr ähneln.

Eine andere Form von Mimikry wurde von dem deutschen Zoologen Fritz Müller gegen Ende des 19. Jahrhundert entdeckt und nach ihm benannt. Bei der Müller'schen Mimikry sehen sich giftige Schmetterlinge unterschiedlicher Arten ähnlich. Sollte ein Vogel mit einer Art schlechte Erfahrungen gemacht haben, wird er zukünftig auch eine ähnliche aussehende Art in Ruhe lassen. Somit profitiert jede Art von der Ähnlichkeit.

In den 1960er-Jahren wiesen Lincoln Brower und seine Ehefrau Jane Van Zandt Brower auf eine sogenannte *Automimikry* hin, die später *Brower'sche Mimicry* genannt wurde. Ein Beispiel dafür ist der Monarchfalter *Danaus plexippus*. Im Raupenstadium ernährt sich dieser Falter entweder von giftigen oder von ungiftigen bzw. weniger giftigen Schwalbenwurzgewächsen. Die daraus hervorgehenden weniger giftigen oder gar ungiftigen Falter profitieren schließlich von der Abneigung der Vögel gegenüber den giftigen.

DER SÜSSE MET

## » Bienen und Rauschmittel

Das bekannteste Rauschmittel, das wir den Bienen zu verdanken haben, ist der Honigwein Met. Er hat vermutlich eine weitgehend ältere Tradition als der seit etwa 3500 v. Chr. in Ägypten und Vorderasien bekannte Traubenwein. Honig wurde schon sehr früh als Konservierungsmittel eingesetzt und gährte dabei sicher auch gelegentlich zu Met.

Die Rauschwirkung von Honig ist umso höher, wenn die Pollen von Bienen stammen, die an einer von zahlreichen halluzinogenen Pflanzen Nektar gesammelt haben. Die Mayas schätzten diesen Umstand so sehr, dass sie die Bienen sogar zu Göttern erhoben. Einer davon ist *Ah-Muzen-Cab*, der große Bienenherr, der in den Tempeln auf den Pyramiden von Tulúm und Cobá abgebildet ist. Noch heute trinken die Nachkommen der Maya den Honigwein *Balché*. Er stammt von Bienen, die den Nektar aus halluzinogenen Pflanzen gewinnen. Und es gibt tatsächlich Berichte über religiöse Erfahrungen der heutigen Eingeborenen mit diesem Honigwein. Forscher vermuten ähnliche Zusammenhänge wie bei einer überlieferten Behauptung, nach der das Orakel von Delphi von einem Bienenschwarm offenbart wurde.

Zwei militärisch verlustreiche Erfahrungen mussten die Griechen durchstehen, nachdem sie stark berauschenden Honig getrunken hatten. Das erste Mal war es im Jahre 401 v. Chr. bei der Rückkehr des auch als Schriftsteller bekannten Feldherrn *Xenophon* aus Persien, und das zweite Mal während des Feldzugs des *Pompeius Magnus* im

Jahre 67 n. Chr.. Beide Kämpfe fanden in der Nähe von Colchis in der heutigen Türkei statt. Beim ersten Mal aßen die Soldaten Waben von Bienen, die ihren Nektar größtenteils von *Rhododendron ponticum* bezogen hatten. Diese Pflanze enthält Grayanotoxin. Es erzeugt in kleinen Mengen eine gute Stimmung und Halluzinationen und in größeren Mengen Lähmungen und Erbrechen. Nach dem Genuß dieses Honigs konnten die Soldaten von Dorfbewohnern leicht gedemütigt oder getötet werden. Die zweite Begegnung der Griechen mit diesem sogenannten Tollhonig geschah, als die Feinde diesen Honig in verlassenen Häusern zurückließen – eine, wie es sich erweisen sollte, sehr kluge Strategie. Die Rechnung ging auf. Die Soldaten des *Pompeius*, die vermutlich den Honig gefunden und sich daran gelabt hatten, waren eine leichte Beute für ihre Gegner.

Die Wirkung des *deli bal*, so der türkische Name des Tollhonigs, war so attraktiv, dass im 18. Jahrhundert bis zu 25 Tonnen jährlich davon aus der Türkei exportiert wurden. Die Empfehlung lautete, einen Teelöffel in einem Glas Milch oder in einem sonstigen Getränk aufzulösen. So wurde es in vielen Gaststätten Europas angeboten. In Amerika entdeckten die ersten englischen Siedler, dass man eine vergleichbare Wirkung mit Honig aus der dort heimischen Lorbeerrose (*Kalmia angustifolia* oder *Kalmia latifolia*) erreichen konnte.

EINFACH SCH...

## » Ein Haus aus Kot, ein Schlagstock aus Kot

Die Larven der Schildkäfer (*Cassidinae*) nutzen ihren Kot auf die unterschiedlichste Weise. Besonders auffallend handelt dabei die Raupe des Schildkäfers *Hemisphaerota cyanea*. Diese Raupe produziert ihren Kot nicht in einzelnen Stücken – wie die meisten Bewohner dieser Erde, sondern in Form einer Schnur, die an keiner Stelle unterbrochen wird.

Diese Schnur ist von einer dünnen Haut aus mikroskopisch feinen Fasern umhüllt. So entsteht eine lange «Wurst», die die Raupe bis zu 50-mal um ihren Körper windet und an ihrem Hinterleib mit einem körpereigenen Klebstoff befestigt. Man kann sich kaum einen wirkungsvolleren Panzer vorstellen. Die wurstumhüllte Raupe ist auf diese Weise ungestört und vor eventuellen Fressfeinden wie Marienkäfern, Ameisen und Baumwanzen geschützt. Vor allen Dingen schützt der Kotpanzer sie vor Austrocknung, wenn es zu warm wird. Sollte diese Schutzwurst einmal Schaden nehmen – kein Problem. Mit frischen Kotschnüren und Klebstoff ist sie rasch wieder repariert.

Eine andere Form der Feindabwehr entwickelte die Raupe des Schildkäfers *Cassida rubiginosa*. Sie überzieht eine gabelförmige Verlängerung an ihrem Hinterleib mit riesigen Mengen Kot, gelegentlich vermischt mit Hüllenstücken aus ihrer letzten Häutung. So bildet sie einen Superarm, fast so lang wie sie selbst, mit dem sie heftig auf ihre Feinde einschlägt.

Besonders geschützt sind die Raupen des Bergahornkäfers *Neochlamisus platani*. Sie bedecken sich vollständig mit einer wandernden Festung aus Kot, den sie zusätzlich noch mit Pflanzenhärchen verstärken. Ihre Eier schützen diese Käfer, indem sie einfach «drauf scheißen».

AUF SPÜLI

## » Käfer surfen wie die Großen

Kurzflügelkäfer der Gattung *Stenus* sind circa 5 mm groß. Sie nützen die Oberflächenspannung des Wassers, um mühelos darauf zu laufen. Wenn sie sich von einem Fressfeind bedroht fühlen – z. B. einem Vogel –, spritzen sie einen kleinen Tropfen Stenusin auf das Wasser. Stenusin ist ein Tensid, ähnlich wie Spülmittel. Es breitet sich rasch auf der

Wasseroberfläche aus. (Dies erinnert an Zahnpastatropfen, die in ein feuchtes Waschbecken fallen und sich dann schnell ausdehnen.) Der Käfer «surft» auf dem Rand dieses Tropfens und erreicht somit eine Geschwindigkeit von 75 cm pro Sekunde über eine Strecke von bis zu 15 Metern. Grundsätzlich könnte er auch fliegen. Dazu müsste er aber zuerst seine Flügel auspacken, die unter seinen kurzen Flügeldecken wie ein Fallschirm kompliziert zusammengefaltet sind.

Doch dieser Käfer bietet noch mehr Überraschungen. Zum Fang von Beute, meist Springschwänze oder kleine Spinnen, setzt er seinen Rüssel ein. Dieser ist etwa halb so lang wie sein ganzer Körper und normalerweise nach innen gestülpt. Innerhalb von 1 bis 3 tausendstel Sekunden kann ihn der Käfer nach außen stülpen. Wie bei einem Chamäleon sorgt ein klebstoffartiges Sekret dafür, dass die Beute sicher am Rüssel haften bleibt.

DER KLEINERE GEWINNT

## » Fliegen enthaupten Ameisen

Zweimal machten die Fliegen der Familie der Buckelfliegen (*Phoridae*) Schlagzeilen. Vor einigen Jahren – das war ihr erster Auftritt in der Presse – hatte man südamerikanische *Phoridae* in Nordamerika eingesetzt, um dort versehentlich eingeführte Feuerameisen zu bekämpfen. Der Feldzug war erfolgreich. Beim zweiten Mal entdeckte man unter den *Phoridae* die kleinste Fliege der Welt. *Euryplatea manaknihali* ist mit einer Länge von 0,4 mm die Rekordhalterin unter den Fliegen in dieser Disziplin.

Wie läuft nun der Kampf gegen die Feuerameisen ab? *Phoridae* legen je ein Ei in den Körper einer Ameise. Die geschlüpften Larven wandern zum Kopf der Ameise und fressen dort erst einmal Hämolymphe, d.h. Blut, dann Muskeln und am Ende das Gehirn.

Die Fliegenlarve verpuppt sich darin. An dieser Stelle gibt es zwei Möglichkeiten: Im ersten Fall fällt der Kopf ab und wird von den Arbeiterinnen entsorgt. Im anderen Fall fällt der Kopf der Ameise zunächst nicht ab. Sie wandert mit noch intaktem Gehirn umher und verliert ihren Kopf erst an einem für die Verpuppung der Fliegenlarve günstigen Ort, beispielsweise unter trockenem Gras. Die Entomologen Donald Henne und Seth Johnson (Louisiana State University, USA) vergleichen das Verhalten der von einer Fliegenlarve im Gehirn gelenkten Ameise mit einem«Zombie»: Die Ameise, verrückt wie ein «Zombie», wird von der Fliegenlarve in ihrem Gehirn gelenkt, ein wahrhaft unglaublicher Vorgang. Einige *Phoridae*-Arten befallen auch Wespen und Hummeln, die dann ebenfalls ein «zombieähnliches» Verhalten zeigen. Sie gehen nachts statt tagsüber auf Futtersuche oder umkreisen Glühlampen, als wären sie Motten. *Phoridae* können je nach Art in ihrer Größe von 0,4 bis 5 mm variieren. Sie suchen sich jeweils Ameisen, die zu ihrer Größe passen. Die kleinsten Tiere nisten sich in den Köpfen von circa 2 mm großen Ameisen der Gattung *Crematogaster* ein.

Doch es gibt auch Ameisen, die sich erfolgreich gegen die *Phoridae* wehren, und zwar Blattschneiderameisen, wie etwa *Atta colombica*. Das Volk dieser Ameisen hat eine Kaste mit besonders kleinen Arbeiterinnen, die sogenannten *minima*, die sich auf die transportierten Blätter setzen und dort die *Phoridae*-Fliegen aggressiv abwimmeln. Die Fliegen haben ihrerseits eine Gegenabwehr entwickelt. Sie nähern sich ihrer Beute nicht fliegend – das Summgeräusch könnte sie verraten –, sondern laufend. Dieses markante Verhalten brachte den *Phoridae* auch den Namen Krabbelfliegen ein.

FEEL THE RHYTHM

## » Konzert für Heuschrecke und Gitarre

Befinden sich Männchen von Laubheuschrecken der gleichen Art nahe beieinander, so singen sie meistens alternierend, das heißt, sie wechseln sich in kurzen Intervallen ab. Auf diese Weise folgt jedes Männchen dem gleichen Rhythmus, hat aber in seinen Intervallen die Gelegenheit, besonders attraktiv auf die anwesenden oder anzulockenden Weibchen zu wirken. Der Wiener Gymnasiallehrer Johann Regen beobachtete 1926 dieses Phänomen. Er erlernte seinerseits den Gesang der Laubheuschrecken, und es gelang ihm tatsächlich, durch dieses Alternieren mit einer Heuschrecke *Thamnotrizon apterus* «ins Gespräch» zu kommen. Er erzeugte seine eigenen Laute mit dem Mund, aber auch mit Saiteninstrumenten, Flöten und Glocken. Als Johann Regen einmal den Takt verlor, d. h., sein Rhythmus stimmte mit dem des Insekts nicht mehr überein, machte das Männchen eine kleine Pause. Es übernahm dann sozusagen «den Taktstock», sodass sich der Professor wieder einstimmen konnte. Ebenfalls eindrucksvoll ist die Geschichte des Zoologen Richard Alexander (University of Michigan). Er hielt 1960 Heuschrecken *Pterophylla camellifolia* in seinem Büro, um sie zu beobachten. Es bemerkte plötzlich, dass sich eine Laubheuschrecke mit ihrem Gesang alternierend an den Rhythmus seiner Schreibmaschine anpasste, mal schneller, mal langsamer. Wenn er allerdings zu schnell tippte, hörte die Heuschrecke auf zu singen. Sie wartete ab, bis Alexander aufhörte zu tippen, und begann dann erneut zu singen im Rhythmus ihrer Wahl.

# » Insekten bauen Musikinstrumente aus Blättern und aus Erde

Die Männchen der südafrikanischen Blütengrille *Oecanthus burmeisteri* locken ihre Weibchen, indem sie eine Art Schaber in den Flügeln gegen zahnartige Körperteile reiben. Dazu muss man wissen, dass die Lautstärke eines erzeugten Tons in akustischen Membranen ihren maximalen Wert erreicht, wenn die Membran eine ganz bestimmten Größe hat. Nach Berechnungen des Erfinders des Synthesizers Harry Olson aus der «Radio Corporation of America», beträgt die Länge einer solchen optimalen Membran eine halbe Wellenlänge. Im Fall der Blütengrille müssten dies 85 cm sein. Nun ist aber der Körper der Blütengrille leider nur circa 3 mm lang. Doch als hätte die Grille die Arbeiten von Olson gelesen, sucht sie sich ein Blatt mit einer Breite von 70 bis 100 cm, nagt ein birnenförmiges Loch hinein und presst ihre Flügel fest an die Ränder dieses Loches, sodass das ganze Blatt als Schwingungsmembran wirkt. Obwohl diese nie genau 85 cm lang ist, kann sie damit die Lautstärke ihres Zirpens bis um den Faktor 3,5 erhöhen.

Diese Leistung der *Oecanthus*-Grille wird aber durch eine Maulwurfsgrille, insbesondere die der Art *Gyllotalpa vinae* bei Weitem übertroffen. Dieses Insekt baut sich eine Höhle, die zu zwei hornförmigen Ausgängen führt. Diese Ausgänge haben an der Erdoberfläche einen Durchmesser von etwa einem Drittel der Wellenlänge des Zirpens und einen Abstand zueinander, der diesem Durchmesser gleicht. Außerdem wächst der Durchmesser der Ausgänge exponenziell von unten nach oben an. Wieder einmal scheint es, als hätte das Insekt die Fachliteratur gelesen. Nach den Berechnungen von Henry Bennet-Clark (Universität Edinburgh) und Harry Olson erzeugen genau diese Bedingungen den lautesten Ton. Bennet-Clark behauptet sogar, er habe nie ein lauteres Insekt gehört. Das Zirpen erreicht die Lautstärke eines Presslufthammers. Es ist tatsächlich in einigen hundert Metern Entfernung zu hören. Ohne diese raffinierte Konstruktion beträgt die akustische Leistung der Maulwurfsgrille nur 4 % der Leistung mit ihrem Doppelblashorn aus Erde.

ES LÄUFT RUND

## » Gibt es Räder in der Natur?

Ohne zu zögern: Ja! Man braucht nur an die Pillendreher zu denken, jene Käfer, die eine Dungkugel in ihr Nest rollen, um sich bzw. ihre Brut zu ernähren. Allerdings handelt es sich bei diesen «Pillen» definitiv nicht um Räder mit Achsen, wie sie die Menschen erfanden. Das Drehen um eine Achse würde die Blutversorgung und den Kontakt zum Nervensystem unmöglich machen.

Der Grafiker M. C. Escher hatte 1951 eine Idee. Er erfand das Fantasietierchen ‹Wentelteefje›, Es rollt seinen lang gestreckten Körper ein und bewegt sich dann rollend in einer schiefen Ebene. Erstaunlicherweise nahm Eschers fantastisches Wesen eine tatsächliche Entdeckung voraus: 1979 fand man ein garnelenartiges Schalentier, *Nannosquilla decemspinosa*, an der Pazifikküste von Panama. Es bewegt sich vorwärts, indem es abwechselnd sich ausstreckt und rollt. Dazu verbindet es sein Vorderteil radförmig mit seinem Hinterteil. Das Tierchen ist ca. 2 cm lang und kann bis zu 40 Purzelbäume hintereinander machen, bevor es im gestreckten Zustand eine neue, heftig antreibende Bewegung vollführt, sodass es erneut rollen kann. Auf diese Weise kann es sich sogar bergaufwärts bewegen. Doch die Natur hat nicht erst jetzt «das Rad erfunden», denn 500 Millionen Jahre alte Fossilien des Trilobiten *Asaphus raniceps* deuten darauf hin, dass sich auch dieses Tier rollend fortbewegen konnte.

Unter den heute lebenden Tieren ist *Nannosquilla decemspinosa* nicht das einzige Wesen, das Eschers Prophezeiung erfüllte. 1997 entdeckte man, dass die nesselfressende Raupe des europäischen Schmetterlings *Pleuroptya ruralis* sich ebenso verhält. 2011 kam in der einschlägigen Literatur die Larve des an der Ostküste Nordamerikas lebenden Tigerkäfers *Cicindela dorsalis* hinzu. Das Besondere bei dieser Larve ist allerdings, dass sie neben der rollenden Bewegung auch kräftig hüpfen kann, wobei sie etwa viermal ihre Körpergröße überspringt. Dieses Hüpfen erlaubt es ihr, unwegsame Abschnitte in ihrer Umgebung, die sich für eine rollende Bewegung nicht eignen würden, zu umgehen. Da sich diese Larve in windigen Küstengegenden aufhält, kann sie beim Rollen in günstiger Richtung zusätzlich den Wind als Antrieb nutzen.

Das vielleicht eindrucksvollste Beispiel eines «rollenden» Tieres ist die in den Sanddünen der Namib-Wüste lebende Goldradspinne *Carparachne aureoflava*. Sie legt ihren Bau in höheren Lagen an, wird dort aber gelegentlich von weiblichen Wegwespen ausgegraben, die sie als Vorrat für ihre Brut benutzen. Um der Wespe zu entfliehen, formt die Spinne aus Körper und Beinen ein Speichenrad. So erreicht sie,wenn sie von ihrem Bau aus bergabwärts rollt,Geschwindigkeiten von bis zu 5,4 Kilometern pro Stunde. Zu Fuß wäre sie theoretisch ebenso schnell, doch sie müsste sich alle zwei Meter für ca. zehn Sekunden erholen. Sie würde also, ohne ein Rad zu schlagen, auf der 100 Meter langen Abfahrt wesentlich länger brauchen.

EIN SECHSTER SINN

## » Mechanosensoren

Jedermann kennt Apparate, die mechanische in elektrische Energie umwandeln. Ein Beispiel ist die elektronische Badezimmerwaage. Solche Apparate nennt man Mechanosensoren. Man findet sie in extrem empfindlicher Form in unserem Innenohr. Spinnen, Krebse und Insekten sind auf ihrem Außenskelett übersät von Mechanosensoren und vollbringen damit verblüffende Leistungen.

Alle bekannten biologischen Mechanosensoren wandeln Dehnungen, Stauchungen oder Vibrationen in elektrische Impulse um. Diese werden an das Nervensystem weitergeleitet. Besonders eindrucksvoll geschieht dies bei der Beuteortung des Sandskorpions *Paruroctonus mesaensis*. Durch eine Bodenbewegung entsteht normalerweise eine Welle von schwingenden Sandteilchen. Der Skorpion kann dann die Richtung, aus der diese Welle kommt, bestimmen, ähnlich wie wir eine Schallquelle mit unseren Ohren orten können. Beim Skorpion besteht der Mechanismus darin, dass die Sensoren an verschiedenen Orten seines Körpers das Signal mit minimalen Zeitunterschieden – Bruchteilen von Millisekunden – wahrnehmen. Aus diesen Zeitunterschieden bestimmt der Skorpion die Richtung des Signals. Was uns allerdings vor Neid erblassen lässt und man tatsächlich als «sechsten Sinn» bezeichnen könnte, ist die Tatsache, dass der Skorpion auch die Entfernung der Signalquelle bestimmen kann. Im Sand gibt es zwei Arten von Wellen und diesen Unterschied macht sich das Tier zunutze. Bei schnellen Kompressionswellen (bis zu 200 Meter pro Sekunde) schwingen die Partikel wie bei Schallwellen in Bewegungsrichtung der Welle hin und her. Bei langsameren Oberflächenwellen (bis zu 50 Meter pro Sekunde) schwingen die Sandpartikel senkrecht zur Oberfläche. Für jeden Wellentyp verfügt der Skorpion über einen eigenen Sensor. Die Entfernung der Schwingungsquelle ermittelt er daraus, mit welcher zeitlichen Verzögerung die Signale die entsprechenden Sensoren erreichen.

Ein ebenso faszinierendes Phänomen lässt sich bei der Jagdspinne *Cupiennius salei* beobachten. Sie tastet mit den Mechanosensoren ihrer Beine die Unebenheiten des Bodens ab und passt ihre Laufbewegungen entsprechend an. Das eigentlich Erstaunliche ist jedoch, dass sie die elektrischen Signale, die auf ihrem Weg entstehen, speichern kann. Auf diese Weise behält sie diesen Weg im Gedächtnis und kann im Dunkeln verlorene, vorher gelähmte Beute oder einen früheren, günstigen Unterschlupf wiederfinden.

Mechanosensoren in fernen Wüsten sind das eine, aber auch in unserer nächsten Umgebung manövrieren Insekten mit diesem Sinn ganz hervorragend: Wie schafft es eine Schabe, so schnell vor uns zu fliehen, und das auch noch in der für sie optimalen Richtung? Gemessen wurde eine Reaktionszeit von vier hundertstel Sekunden. Erstaunliches Sehvermögen? Großartige Hörleistung? Keines von beidem. Über speziellen Mechanosensoren an den *Cerci* – zwei Körperanhängen am Hinterteil ihres Körpers – kann die Schabe die mechanische Wirkung eines Luftzugs wahrnehmen. Da sie über zwei *Cerci* verfügt, kann sie durch den Zeitunterschied zwischen den ankommenden Luftdrucksignalen die Richtung des Luftstroms bestimmen. Nur beim Staubsauger klappt es nicht. Hier werden der Schabe ihre hochqualifizierten Mechanosensoren zum Nachteil: Da sie immer in Richtung der Luftströmung flieht läuft sie schnurstracks in das Gerät hinein. Staubsauger hat die Evolution bislang offenbar noch nicht berücksichtigt.

MANCHE MÖGENS KALT

## » Warum stirbt *Desoria saltans* auf der Hand eines Menschen?

Bei *Desoria saltans* handelt es sich um den Gletscherfloh, der eigentlich kein Floh ist, sondern zu den Springschwänzen gehört. Er lebt in Eisspalten oder zwischen Eis und Schnee und fühlt sich sogar bei Temperaturen von –20 °C wohl. Seine Ernährung besteht aus den einzelligen Schneealgen der Gattung *Chlamydomonas* und aus angewehten Pollen und Pflanzenresten. Wahre Weltmeister in Sachen Kältefestigkeit sind allerdings die Laufkäfer der Art *Pterostichus brevicornis* aus dem Inneren Alaskas, die –87 °C aushalten, sowie die Raupen der arktischen Motten *Gynaephora groenlandica*, die –70 °C überleben. Alle diese Kältekünstler überleben allerdings keine Temperaturen von mehr als 12 °C.

Aber genauso interessant ist die Frage, wie die Insekten es schaffen, bei solch niedrigen Temperaturen zu leben. Die wichtigste Voraussetzung ist, dass in ihren Zellen die Bildung von Eiskristallen verhindert wird. Derartige könnten wie kleine Messer die Zellstrukturen zerstören. Die Insekten in eiskalten Regionen verfügen daher über Frostschutzmittel: Polyole wie Glycerin und Sorbitol, verschiedene Zuckermoleküle, zum Beispiel Trehalose, und Proteine mit besonders viel Serin oder Cystein. Solche Proteine lagern sich an jenen Stellen der Eiskristalle an, an denen die Kristalle entstehen, und blockieren damit deren Wachstum. Der Borkenkäfer *Ips acuminatus* bildet und nutzt in gleicher Weise das Frostschutzmittel Ethylenglykol. Genau diesen Stoff verwenden wir meistens, um sicherzustellen, dass unser Auto auch im Winter zuverlässig anspringt. Ethylenglykol ist für uns giftig, schadet aber dem Käfer erstaunlicherweise nicht.

Doch es gibt noch andere Mechanismen, um die Bildung von Eiskristallen zu verhindern. So etwa die «Verglasung» des Wassers. Sie entsteht bei niedrigen Temperaturen durch 20–50 % Dimethylsulfoxide bzw. Polyvinylpirrolidon und ermöglicht so ein Überleben. Die Zellen gehen dann in eine nicht kristallartige, also nicht «messerartige», jedoch glasartige Konsistenz über und tauen im Frühjahr wieder auf.

# » Handys bringen Bienen durcheinander

Im Jahr 2009 beobachtete der Entomologe Sainuddin Pakattazhy in Punalur, Indien, dass Honigbienen in unmittelbarer Nähe eines Handyturms oft nicht mehr in ihr Nest zurückfanden. In manchen Fällen starb ein gesamtes Bienenvolk innerhalb von zehn Tagen nach Einrichtung eines solchen Turms aus. Der Schweizer Daniel Favre stellte daraufhin Handys auf Bienennester, und zwar sowohl empfangende Handys wie auch solche, die eine Dauernachricht sendeten, und untersuchte daraufhin die Wirkung auf die Bienen. In beiden Fällen waren die Ergebnisse schockierend: Die Bienen gaben ca. 30 Minuten nach Einschalten der Handys schrille piepsende Töne (ca. 1000 Hz) von sich. Sie erzeugen diese Töne durch das Zittern ihrer Flugmuskeln, und es sind die gleichen, die sie aussenden, wenn gefährliche Eindringlinge in den Bienenstock kommen und höchste Alarmstufe angesagt ist. Im Fall der Handys auf dem Stock stand die Reaktion der Bienen in keiner Beziehung zu der aktuellen Lage. Man kann daher von einer verhaltenspathologischen Situation ausgehen. Schaltete man die Handys nach 15 Minuten wieder aus, beruhigten sich die Bienen nach 2 bis 3 Minuten. Ließ man aber die Handys 20 Stunden an, so nahmen sowohl die Intensität wie auch die Frequenz (bis zu 2500 Hz) des Piepsens zu, und die Bienen beruhigten sich erst 12 Stunden nach dem Ausschalten wieder.

Warum reagieren die Bienen so empfindlich auf die elektromagnetische Strahlung der Handys? Sie haben die Fähigkeit, sich magnetisch zu orientieren. Sie besitzen im Fettgewebe ihres Hinterleibs Körnchen mit Magnetitkristallen, die im Magnetfeld der Erde ausgerichtet werden und mechanisch auf Nervenzellen einwirken. Bei einem der ersten Experimente, die sich mit diesem Phänomen beschäftigten, klebte man den Bienen kleine Magnete an den Hinterleib, was eine völlige Fehlorientierung der Tiere zur Folge hatte. Doch wie versteht man das Fehlverhalten der Bienen, wenn man berücksichtigt, dass sich Bienen im Allgemeinen am Sonnenstand orientieren? Die Sonne ist sicherlich ihr wichtigstes Hilfsmittel zur Orientierung, doch nur wenn sie scheint. Ist die Sonne nicht direkt sichtbar, so kann die Biene mithilfe der Polarisation des Lichts den Stand der Sonne feststellen, allerdings nur wenn unbewölkte Stellen vorhanden sind. Ist aber der ganze Himmel von Wolken bedeckt, so merken sich die Bienen Bezugsobjekte, wie zum Beispiel Pflanzen, und orientieren sich daran. Diese von der Biene wahrgenommenen Objekte müssen mit vorher in ihrem Gehirn gespeicherten Bildern dieser Objekte zur Deckung gebracht werden, um die Richtung des Weiterfluges zu bestimmen. Und dies funktioniert nur, wenn die Objekte in der korrekten Orientierung beobachtet werden. Zu dieser Orientierung benutzen die Bienen das Erdmagnetfeld. Experimente mit künstlich angebrachten Magnetfeldern führten zu falschen Orientierungen des Bezugsobjekts.

TEIL 3

# Die Ursachen des Aussterbens

Das Verschwinden der Arten und die Belastung der Umwelt für Menschen, Tiere und Pflanzen lassen sich nicht wegdiskutieren. Es werden aber doch inzwischen Schritte unternommen, die unheilvolle Kette zu durchbrechen, die von massenhaft eingesetzten chemischen Mitteln, starker Verringerung der Lebensräume, Invasion von gebietsfremden Arten, Überdüngung und Lichtverschmutzung bis hin zu Landschaftsveränderungen reicht.

Im Rahmen dieses Buches können diese komplexen Vorgehensweisen nicht umfassend dargestekllt werden. Das würde den Rahmen sprengen. Im Folgenden sollen daher die bislang durchgeführten oder geplanten Maßnahmen kurz vorgestellt werden, um zu vermitteln, dass sich tatsächlich etwas tut, dass es realistische erfolgreiche neue Methoden z. B. zur Schädlingsbekämpfung gibt, wie sie aussehen, wie sie wirken, und wie ein Umschwenken wirtschaftlich darstellbar sein könnte.

Nach Schätzungen des American Museum of Natural History in New York werden in den nächsten 30 Jahren 20 % bis 50 % aller Tierarten aussterben. Wenn keine drastischen Maßnahmen ergriffen werden, ist sogar eine Beschleunigung dieser Sterberate vorauszusehen. Man spricht von der «Sechsten Auslöschung», nachdem auf unserem Planeten fünfmal 75 %–96 % der Arten ausstarben. Das letzte Mal geschah dies vor 65 Millionen Jahren durch den Einschlag eines Meteoriten. Dabei wurden die Dinosaurier ausgelöscht. Diesmal ist der Verursacher des Massensterbens nicht ein Meteorit, sondern der Mensch.

Zurzeit sind circa 1,4 Millionen Arten bekannt. Dabei entfallen 18 % auf höhere Pflanzen, 3,5 % auf Wirbeltiere und der erstaunlich hohe Anteil von 61 % auf Insekten, Spinnentiere und Krebstiere. Die restlichen 17,5 % entfallen auf Pilze, Bakterien, Viren, Protozoen und andere Lebewesen. Vergleicht man neuere Aufzeichnungen über ausgestorbene Tiere mit älteren, so stellt man fest, dass, abgesehen von

## Bestandsituation des Eschen-Scheckenfalters (*Euphydryas maturna*)

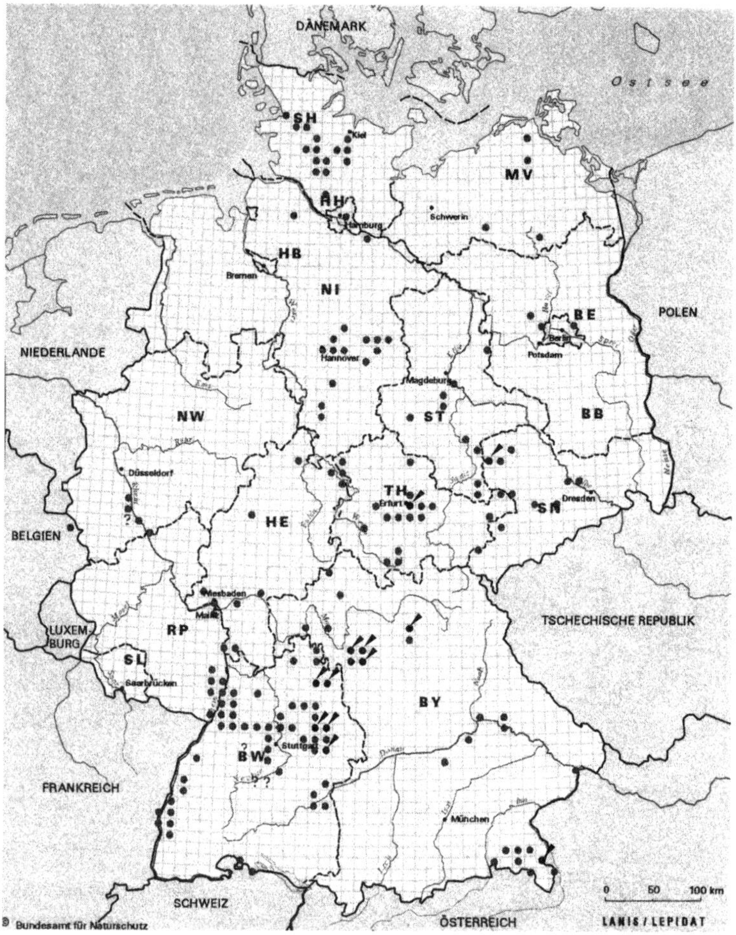


Die Punkte auf der Karte bezeichnen das Vorkommen im Jahr 1979, die auf die Punkte gerichteten Pfeile zeigen das Vorkommen 1999. Quelle: M. Binot-Hafke, H. Gruttke, G. Ludwig und U. Riecken (Bearb.), Schriftenreihe für Landschaftspflege und Naturschutz, Heft 65, Bundesamt für Naturschutz (2000).

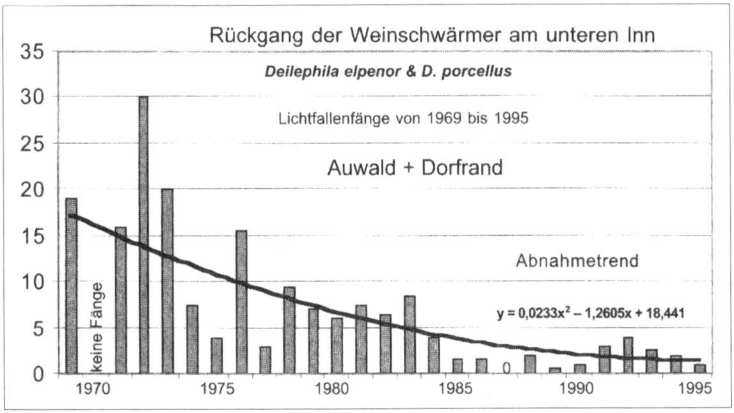


Besonders stark verlief der Rückgang bei den Schwärmern, eine Schmetterlingsfamilie. Das Bild oben zeigt diesen Rückgang am unteren Inn. Das nächste Bild zeigt Lichtfänge des Mittleren Weinschwärmers *Deilephila elpenor* und des Kleinen Weinschwärmers *Deilephila porcellus.*

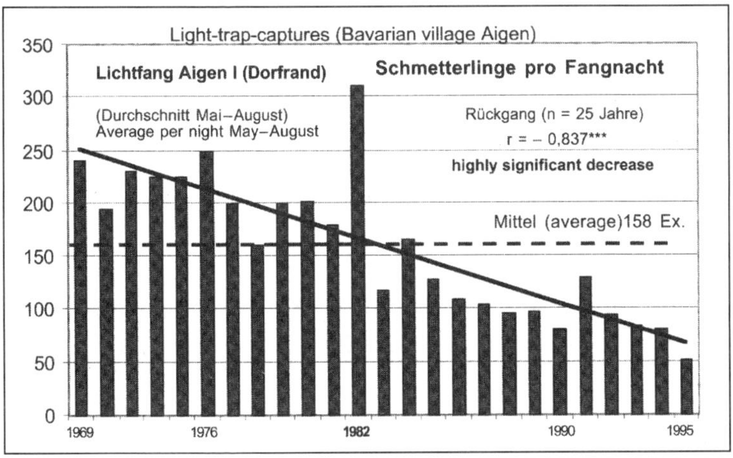

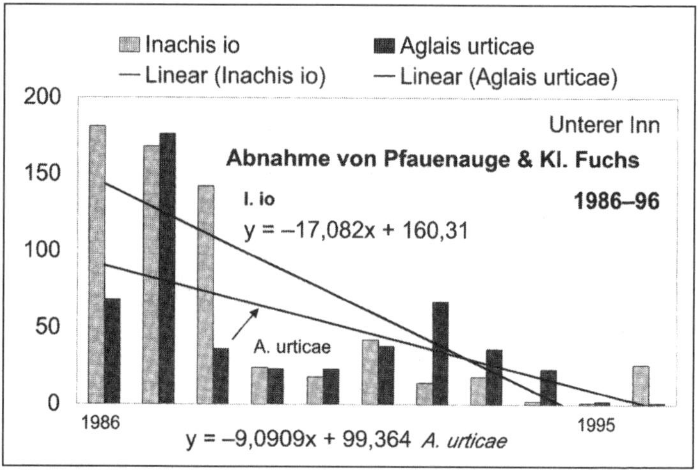


Josef Reichholfs Untersuchungen zeigen auch einen starken Abfall der Populationen des Tagpfauenauges *Inachis io* und des Kleinen Fuchses *Aglais urticae* im niederbayerischen Inntal.:
(Quelle der letzten drei grafischen Darstellungen: J.H. Reichholf, «Die Zukunft der Arten», DTV, München, 2009)

wenigen Ausnahmen, die Gebiete, in denen man die jeweiligen Tiere nicht mehr zu Gesicht bekommen kann, immer größer werden. Ein Beispiel, an dem eine derartige Entwicklung gut nachvollziehbar ist, ist die Bestandsveränderung des Eschen-Scheckenfalters *Euphydryas maturna* in der Bundesrepublik Deutschland. Ursprünglich war dieser Falter über fast ganz Europa verbreitet. In Deutschland gibt es inzwischen nur noch einzelne wenige Orte, an denen er nachgewiesen werden kann. Es gibt zahlreiche vergleichbare Untersuchungen der Bestände von Insekten in Abhängigkeit von der Zeit. Als Beispiel seien hier einige sorgfältige und langfristige Aufzeichnungen von Josef Reichholf (Technische Universität München) gezeigt. Zum Beispiel der, abgesehen vom Ausnahmesommer 1982, dramatische zeitliche Abfall von nachtaktiven Schmetterlingen, die in eine Lichtfalle in Aigen, Bayern, gelangten.

Der Nutzen von Insekten und ihren Verwandten, den Spinnen und Krebsen, wird in diesem Buch anhand von vielen Beispielen beschrieben. Doch neben diesen technischen Anwendungen gibt es noch andere Gründe, warum das Zurückgehen der Insektenpopulationen uns Menschen Sorge bereiten sollte. Der hohe Anteil der Insekten am Artenspektrum dieser Erde zeigt nicht zuletzt, welch hoher Anteil am reibungslosen und erfolgreichen Zusammenspiel der Arten den Insekten zu verdanken ist. Mit dieser Biodiversität ist allerdings nicht die Anhäufung von Arten, wie in einem Zoo, gemeint. Es geht dabei um das Vorhandensein von Gefügen, die miteinander vernetzte Arten enthalten. In solchen Gefügen sind einzelne Lebewesen nicht nur als Individuen wichtig, sondern auch aufgrund der Wechselwirkungen mit anderen Arten ihrer Lebensgemeinschaft – auch mit uns.

Evelyn Hutchinsons Buch erklärt dieses Zusammenspiel auf ganz wunderbare Weise in ihrem Buch «The Ecological Theater and the Evolutionary Play». Wie in einem Theaterstück kann alles zusammenbrechen, wenn sich nur ein Schauspieler krankmeldet. In der Natur handelt es sich zudem noch um ein «Schauspiel» , das in Jahrmillionen mit Verknüpfungen, Abhängigkeiten und Austausch in seiner «Dramaturgie» optimiert wurde.

Robert May untersuchte 1973 ein Ökosystem in einem Weidenwald in Kanada. Vereinfacht dargestellt besteht dieses System aus Pflanzen, die hauptsächlich von Käfern, Pflanzenwespen und Springschwänzen gefressen werden. Diese sind wiederum Beute von Fröschen und Spinnen. Die Frösche werden von Schlangen gefressen und alle genannten Tiere sind die Beute von Vögeln. Es ist leicht einzusehen, dass in diesem System eine Verminderung der Insekten- und Spinnenpopulation infolge von Giften zur Dezimierung von Vögeln, Fröschen und Schlangen führte.

Ähnlich verhielt es sich bei dem Massenaussterben von Kastanienbäumen Anfang des 20. Jahrhunderts in Nordamerika. Dieses Aussterben wurde durch das Einschleppen des Pilzes *Chyphonectria parasitica* aus Japan verursacht. Zahlreiche Insekten, hauptsächlich Schmetterlinge und Käfer, die von diesen Kastanienbäume abhängig sind, starben aus oder wurden stark dezimiert. Dies wiederum verringerte die Populationen von Tieren, die sich von diesen Insekten ernähren.

Im Gegensatz zu den oben aufgeführten Beispielen kann die Verminderung der Population einer Art eine dramatische Populationserhöhung anderer Arten verursachen, wie in folgendem Beispiel aus dem 19. Jahrhundert. Durch übermäßige Jagd wurde die Wandertaube *Ectopistes migratorius* in Nordamerika ausgerottet. Dies führte zu einer Vermehrung von Mäusen, die mit den Wandertauben um Nahrung konkurrierten. Dadurch wiederum vermehrten sich Zecken der Gattung *Ixodes*, die auf den Mäusen leben. Diese Zecken übertrugen die Borreliose und das Q-Fieber auf Menschen, was die Bevölkerung bis ins 20. Jahrhundert zu spüren bekam.

Doch die meisten Systeme sind nicht so überschaubar, wie die oben beschriebenen. Nicht immer kann man die Wirkung eines Eingriffs oder einer Verschleppung eindeutig erkennen. Frank Marsh (Union College, Nebraska) nennt dafür das folgende Beispiel, das sich wie ein vertracktes Rätselspiel anhört: Er untersuchte das ökologische System rund um tropische Bäume der Gattung *Cecropia*. Die Raupe des Nachtfalters *Hyalophora cecropia* ist ein Feind dieser Bäume. Die Raupenfliege *Winthemia* und die Wespe *Agrothereutes* legen ihre Eier in die *Hyalophora*-Raupen und sind deshalb nützlich und wichtig für die *Cecropia*-Bäume. Die Wespe *Dimmockia* ihrerseits legt ihre Eier in *Winthemia* und wird somit, indirekt, zu einem Feind der *Cecropia*. Die Wespe *Dibrachys* ist ebenfalls ein indirekter Feind der *Cecropia*, da sie ihre Eier in *Agrotehreutes* legt. Auch die Wespe *Mastrus* legt ihre Eier in *Agrothreutes* und ist somit schädlich für die Bäume. Eine zusätzliche Komplikation: die Wespe *Dibrachys* legt ihre Eier nicht nur in *Agrotehreutes*, sondern auch in *Mastrus* und ist somit sowohl ein Freund als auch ein Feind der *Cecropia*-Bäume. Doch das ist nicht das Ende der Geschichte: Die Wespe *Pleurotropis* ist sowohl ein Feind von *Dimnockia* wie auch von *Dibrachys*. Ihre Feindschaft zu *Dimmockia* macht *Pleurotropis* zum Freund der Bäume. Doch damit nicht genug. Wie beurteilen wir die Angriffe von *Pleurotropis* auf *Dibrachys*, da ja *Dibrachys* sowohl Freund als auch Feind ist? Und schließlich: Welche Art sollen wir töten, um diese Bäume zu retten?

Falls wir gedankenlos und radikal ein Gift gegen alle beteiligten Insekten anwenden, haben wir noch andere Kriterien außer Acht gelassen, die das fragile Gleichgewicht unvermeidlich zerstören. So sind zum Beispiel die schädlichen Nachtfalter teilweise verpuppt, und zum Zeitpunkt, zu dem die gefräßigen Falter schlüpfen, wäre kein anderes Insekt vor Ort, das die Bäume verteidigen könnte. Noch verwirrender ist die Tatsache, dass der Freund-Feind *Dybrachys* sich nicht zu festen Jahreszeiten verpuppt und so möglicherweise von jeder Giftanwendung verschont bliebe. Und welche Folgen könnte dies haben? Dieses Beispiel veranschaulicht, dass Biodiversität viel mehr ist als einfach «viele Arten» und dass wir es mit komplexen Netzwerk zu tun haben.

## » Invasion von gebietsfremden Arten

Ähnlich beunruhigend ist der Fall der in Argentinien heimischen Ameise *Linepithema humile*, die seit circa hundert Jahren in vielen anderen Ländern eingeführt wurde. Die starke Vermehrung dieser Ameise hat zu äußerst schädlichen Massenangriffen auf andere Tiere geführt. Anders als in Argentinien kommen in den neuen Biotopen verschiedene Parasiten der Ameisen nicht vor. Deshalb kann sie sich so unglaublich rasch vermehren. Vergleichbar aggressiv ist die in Hawaii eingeführte afrikanische Großkopfameise *Pheidole megacephala*. Sie hat im hawaiianischen Flachland die meisten dort einheimischen Insekten ausgerottet, darunter auch die Tiere, die für die Bestäubung der dortigen Flora unverzichtbar waren. Eine weitere schädliche Ameise ist die Rote Feuerameise *Solenopsis invicta*, die um das Jahr 1930 in Alabama, USA, eingeschleppt wurde. Dies geschah vermutlich zusammen mit einer Ladung Erde, die als Ballast auf einem Lastschiff diente. Diese Ameise ist ein großer Schädling der Landwirtschaft, beschädigt sogar Telefon- und Stromkabel und greift Insekten, Eidechsen und selbst kleine Säuger an. Studien zufolge sank die Artenzahl von Gliederfüßern in Gebieten, in denen sich *Solenopsis invicta* ausbreitete, um durchschnittlich 75 %.

Ebenso gefürchtet ist die Tannenstammlaus *Adelges piceae*. Sie wurde aus Europa eingeschleppt, wo die einheimischen Tannenarten kaum anfällig für den Befall durch *Adelges piceae* sind. Sie hat in einigen Staaten der USA drei Viertel des Tannenbestands zerstört. In diesem Fall bekam das direkt auch die dortige Bevölkerung zu spüren: Die Weihnachtsbäume wurden massiv geschädigt.

Nicht nur, dass fremde Tiere eingeschleppt werden, hat einen negativen Einfluss auf die Tierökologie. Das Gleiche gilt auch für gebietsfremden, Pflanzen. Die Dach-Trespe *Bromus tectorum*, eine in Europa wenig gefürchtete Grasart, fand auf dem amerikanischen Kontinent ideale Bedingungen. Sie breitete sich dort rasant aus, und zwar insgesamt auf über 400.000 $km^2$, also auf mehr als der Fläche Deutschlands. Das Hauptproblem besteht in diesem Fall darin, dass die Umweltbedingungen in ihren Ausbreitungsgebieten Brände begünstigen.

Als letzte, doch nicht minder schädliche eingeschleppte Arten seien Säugetiere erwähnt, z. B. verwilderte Hauskatzen und Hausschweine, Ratten, Ziegen, Mungos sowie Rinder und Kaninchen, die als Nutztiere in vielen Regionen der Erde eingeführt wurden. Besonders betroffen hiervon sind Hawaii, die Galapagosinseln und Neuseeland. Auf den Galapagosinseln haben Piraten Ziegen ausgesetzt mit dem Ziel, bei späteren Besuchen dort immer frisches Fleisch vorzufinden. Auf Neuseeland haben die eingeschleppten Ratten großes ökologisches Unheil angerichtet. Auf Hawaii versucht man immer noch die verwilderten Schweine auszurotten. In Australien haben eingeführte Rinder und Kaninchen den Zustand stark zugunsten dieser Tiere verschoben.

## » Überdüngung

Besonders gefährlich ist der unkontrollierte Transport von Düngemitteln in Gebiete, die nicht gedüngt werden sollen und durch Düngemittel eher Schaden nehmen. Dies geschieht zum Beispiel, wenn landwirtschaftlich genutzte Flächen übermäßig gedüngt werden und/oder die Düngemittel dort nicht zur rechten Zeit ausgebracht werden. Häufig enthalten Düngemittel mehr Nährstoffe, als die Pflanzen benötigen. Die überschüssigen Düngestoffe werden hauptsächlich durch Regen ins Grundwasser gespült oder, wenn Ammoniak verdunstet, aus den landwirtschaftlichen Flächen wegtransportiert.

In Europa verdoppelte sich die landwirtschaftliche Produktion in den letzten 35 Jahren. Dabei stieg die Menge an Stickstoffdüngern bis auf das 7-Fache und die der phosphathaltigen Dünger bis auf das 3,5-Fache an. Durch nicht genutzten Dünger betrug der Überschuss an Stickstoff teilweise über 200 Kilogramm pro Hektar. Dieser Überschuss durch Überdüngung hatte für die Tierwelt direkte oder indirekte negative Konsequenzen:

- Übermäßiges Wachstum von Algen. Dies nimmt anderen Lebewesen Licht und Raum. Darüber hinaus entziehen tote Algen infolge von Zersetzung durch aerobe Bakterien anderen Lebewesen den nötigen Sauerstoff. Wenn der Sauerstoff unter eine kritische Konzentration sinkt, übernehmen anaerobe Bakterien die Zersetzung. Dabei werden Gifte wie Schwefelwasserstoff, Methan und Ammoniak erzeugt. Eine zu niedrige Sauerstoffkonzentration kann auch zur Freisetzung von Phosphaten aus dem Gewässerboden führen. Dies führt zu einer weiteren Erhöhung des Überdüngungseffekts.
- Emissionen von Stickstoffverbindungen aus der Landwirtschaft Sie fördern das Wachstum von Bäumen. Da aber oftmals andere für die Bäume notwendige Stoffe, wie etwa Kalium und Magnesium, nicht zugeführt werden, nehmen Baumkrankheiten zu.
- Mikroben erzeugen Stickstoffdioxid aus den Düngemitteln und damit schädlichen Smog.
- Bakterien erzeugen Distickstoffmonoxid aus dem Dünger. Dieses Gas trägt zum Treibhauseffekt bei, und zwar in 200-mal stärkerem Maß als Kohlendioxid.
- Es entsteht eine Übersäuerung des Bodens, sodass normalerweise dort gebundene giftige Metalle, wie Aluminium, Cadmium oder Blei, herausgelöst werden.

## » Lichtverschmutzung

Mark Scheibe von der Universität Mainz schätzte ab, dass im Sommer pro Nacht durchschnittlich so viele aus dem Wasser schlüpfende Insekten von einer einzigen Straßenleuchte angezogen werden können, wie pro Insektengeneration in 22 Metern Uferlänge schlüpfen. Die Gesamtmenge an Insekten, die durch die 6,8 Millionen deutschen Straßenlaternen in einer Nacht sterben können, schätzt Gerhard Eisenbeis, ebenfalls von der Universität Mainz, auf über eine Milliarde Individuen. Dabei wirken die Lampen bis zu einer Entfernung von 700 Metern. Die Insekten, die durch die künstliche Beleuchtung nicht sterben, werden trotzdem stark beeinträchtigt – bei lebenswichtigen Aktivitäten wie Nahrungssuche, Paarung und Eiablage. In vielen Ländern ist die Zunahme der Beleuchtung alarmierend. So nahm beispielsweise in Italien innerhalb der letzten 30 Jahre die Lichtverschmutzung, gemessen an der gesamten freigesetzten Strahlungsenergie, etwa um den Faktor 10 zu, obwohl die Bevölkerung kaum wuchs. Doch es gibt ein Hoffnungsschimmer: Es gilt als erwiesen, dass die Lockwirkung von Lampen auf Insekten am stärksten bei kurzwelligem Licht ist. Aus diesem Grund sollten, zumindest in der Nähe von Schutzgebieten, gelbliche Natrium-Niederdruck-Lampen statt Quecksilberlampen eingesetzt werden. Die Letztgenannten haben ein Spektrum zwischen orange und dem äußerst kurzwelligen UV-Licht. Ein positiver Nebeneffekt: Natrium-Lampen haben einen niedrigeren Energiebedarf.

## » Biozide

«Biozide» ist ein Sammelbegriff für Mittel gegen Insekten (Insektizide), Unkraut (Herbizide), Pilze (Fungizide), Milben und Zecken

(Akarizide) oder Fadenwürmer (Nematizide). Die von Bioziden ausgehende Gefahr besteht nicht nur in ihrer Wirkung auf die Pflanzen oder Tiere in jenen Gebieten, in denen sie angewendet werden, sondern auch in großem Maß in ihrer Ausbreitung, etwa vergleichbar mit der von radioaktivem Niederschlag. Diese Ausbreitung geschieht über Wind, Wasser und vor allen Dingen über die Wanderungen von Tieren, insbesondere von Vögeln, die sich von den betroffenen Insekten, etc. ernähren. Auch das Versprühen aus Flugzeugen, das innerhalb der EU jetzt verboten ist, trägt zur Verbreitung bei.

Im Jahr 1962 hatte der Bestseller «Der stumme Frühling» von Rachel Carson einen wegweisenden Einfluss auf das Bewusstsein der Bevölkerung und die Politik. Das Buch führte zum Verbot von DDT in den meisten Ländern der Welt. Erst 1981 folgte das kritische Buch «Der Kreislauf des Giftes» von David Weir und Mark Shapiro. In diesem Buch wurde die breite Öffentlichkeit darüber aufgeklärt, dass Biozide, die u. a. in den USA und in Europa verboten waren, weiterhin an Entwicklungsländer exportiert wurden. Mitte der 1980er-Jahre folgten die Verhandlungen zur sogenannten Rotterdamer Konvention, deren Beschlüsse leider erst im Jahr 2004 in Kraft traten und die festlegten, dass Forschungsergebnisse über die Gefahren von Bioziden weltweit im Kontext des Handels mit diesen Stoffen bekannt gemacht werden müssen. Ebenfalls im Jahr 2004 traten endlich die Beschlüsse der sogenannten Stockholmer Konvention in Kraft, wonach acht Insektizide (DDT, Aldrin, Chlordan, Dieldrin, Endrin, Heptachlor, Mirex und Toxaphen), das Fungizid HCB und drei andere Industriechemikalien (PCB, Furane und Dioxine) international verboten wurden. Wie man sieht, stellen die Bemühungen, schädliche Biozide zu erkennen und zu verbieten, mitten in einer Zeit des Artensterbens einen äußerst langsamer, Prozess dar.

Während das vorliegende Buch geschrieben bzw. gelesen wird, werden möglicherweise andere Stoffe nach längeren Untersuchungen und Verhandlungen offiziell als gefährlich erklärt. Diese werden dann in einigen Ländern verboten und in anderen nicht. Aktuelle Beispiele sind einige Carbamate (Insektizide), die in Deutschland verboten sind, aber in der Schweiz zurzeit nicht. Oder das Insektizid Parathion, das seit dem Jahr 2001 in der EU verboten ist, nicht aber seine Ausfuhr aus dem Gebiet der EU. Oder die Atrazine (Herbizide), die in der EU verboten sind, während jedoch in den USA noch darüber gestritten wird, ob sie wirklich schädlich für Amphibien sind oder nicht – von Insekten ist erst gar nicht die Rede. Oder das Insektizid Clothianidin, für das in Deutschland erst dann Beschränkungen eingeführt wurden, als man im Jahr 2008 ein massives Bienensterben durch diesen Stoff feststellte. Offiziel wurde dies auf einen technischen Anwendungsfehler zurückgeführt, ein Fehler, der in ähnlicher Form immer wieder auftreten könnte.

Doch die erschreckenden Botschaften nahmen in den letzten Jahren kein Ende. Im Jahr 2012 stellte die Gruppe um Mickaël Henry in Avignon fest, dass ein mit dem Clothianidin chemisch verwandtes Insektizid, das Thiamethoxam, schon in kleinen Dosierungen das Orientierungsvermögen der Bienen stört, sodass diese häufig nicht zu ihrem Stock zurückfinden.

Ebenfalls problematisch ist der Fall des Insektizids Deltamethrin, das in Deutschland zurzeit zugelassen ist. Bereits 1995 wurde durch die Untersuchungen der englischen Toxikologen Çilgi und Jepson nachgewiesen, dass es die Larven von Schmetterlingen an Feldsäumen, infolge von Luftströmungen aus den Äckern, massiv tötet. Dabei ist die Wirkung von Deltamethrin kumulativ. Dieser Stoff stellt sich also zunächst kaum als gefährlich dar, doch schon nach einer stetigen Einwirkung von typischerweise 30 Tagen reicht oft ein Hundertstel der tödlichen Dosis aus, um die Larven zu vernichten.

Auch das in Deutschland zugelassene Insektizid Imidacloprid stellt ein Problem dar. Im Jahr 2007 wurde von dem niederländischen

Toxikologen Henk Tennekes veröffentlicht, dass es Gebiete in Holland gibt, in denen Gewässer mit der bis auf das 4.770-Fache der für Mensch und Tiere als unbedenklich eingestufte Menge von Imidacloprid belastet waren. Im Zuge dieser Verunreinigungen wurde u. a. die Hummel *Bombus muscorum* in zahlreichen Gebieten ausgerottet. Dave Goulson von der Universität in Stirling, Schottland, setzte diesem Insektizid eine große Anzahl von Hummelvölkern aus, und zwar in Dosierungen, welchen sie in der Natur in vielen Gegenden Schottlands häufig begegnen. Goulson stellte fest, dass innerhalb von sechs Wochen die Zahl der Königinnen in den Nestern um 85 % abnahm.

Vor Kurzem wurden sogenannte Cyclotide in der afrikanische Pflanze *Oldenlandia affinis* entdeckt. Diese chemischen Stoffe werden dafür gepriesen, dass sie Insekten angreifen, aber nicht den Menschen. Ist das alles, was wir wollen?

Biozide sind so oder so nicht die Lösung für die Bekämpfung von Schädlingen, da diese nach einer gewissen Zeit Resistenzen gegenüber solchen Stoffen entwickeln. Mehr Informationen zum Thema Biozide findet man in Teil 4 dieses Buches.

## » Klimaveränderungen

Nach Berechnungen der Gruppe um Chris Thomas von der Universität Leeds werden allein durch Klimaveränderungen bis zum Jahr 2050 im günstigsten Fall 18 % und im ungünstigsten Fall 35 % aller Arten aussterben.

Die Auswirkungen des bisherigen Temperaturanstiegs sind beunruhigend, auch wenn dieser auf den ersten Blick gering erscheint. Unter anderem erhöhte sich weltweit die Grenze in Gebirgen, oberhalb der nur Minustemperaturen herrschen, im Durschnitt um 150 Meter. Eine Folge war nicht nur das Aussterben von nützlichen Tieren, sondern auch die Zunahme von Schädlingen. Beispielsweise erlaubte diese Grenzverschiebung in Gebirgen eine Vergrößerung der Biotope von Malaria übertragenden Mücken, etwa im Hochland von Äthiopien oder in Tansania, sowie von Überträgern des Denguefiebers und des Gelbfiebers in den Anden und im nördlichen Hochland von Indien.

In ähnlicher Form ist auch in städtischen Gebieten der Klimawechsel zu spüren. So beobachtete man beispielsweise in nordamerikanischen Städten um das Jahr 1999 das Auftreten des durch Stechmücken übertragenen West-Nil-Virus, welches grippeähnliche Symptome, manchmal bis hin zum Tod, verursacht. Im Jahr 2003 zum Beispiel erreichte die Zahl der Erkrankungen in den USA 9.860 Infektionen mit 264 Toten. Eine Ursache für die Verbreitung dieser Krankheit ist, dass in den milderen Wintern mehr Stechmücken als sonst in Abwasserkanälen und feuchten Kellern überleben. Hinzu kommt, dass durch die zunehmende Trockenheit im Frühling und Sommer Fressfeinde der Mücken in den umliegenden ländlichen Gebieten, wie etwa Frösche, Marienkäfer und Florfliegen, aussterben. Darüber hinaus nehmen die Regenfälle im August zu und hinterlassen mehr Brutstätten für die Mücken.

## » Nutzung von Wasser durch den Menschen

Eine äußerst negative ökologische Wirkung hat der Bau von Dämmen sowie der Verbrauch von Wasser für die Landwirtschaft, die Industrie und den alltäglichen Verzehr. Während am Anfang des 20. Jahrhunderts das Delta des Colorado-Flusses in den USA als paradiesische, tierreiche Landschaft beschrieben wurde, erreicht dieser Fluss jetzt überhaupt nicht mehr das Meer. Auch der einst mächtige Gelbe Fluss in Nordchina ist zu einem Rinnsal geworden. 15 % des gesamten Süßwassers der Erde wird in Dämmen festgehalten – Tendenz steigend. Auch das Austrocknen von Mooren spielt eine Rolle:

Es verursachte zum Beispiel das Aussterben des Großen Feuerfalters *Lycaena dispar* in England. Der Perlmutterfalter *Speyeria nokomis coerulescens* verschwand in vielen Gegenden Nordamerikas infolge der Nutzung natürlicher Quellen. Wassermangel entsteht auch in großen Wäldern, wie im Amazonasgebiet, durch die Waldzerstörung, denn diese Zerstörung verringert die Verdunstung von Wasser aus den Bäumen und damit die Niederschläge. Dies wiederum zerstört erneut den Wald. Obendrein verursacht eine erhöhte Trockenheit das Risiko für Brände.

## » Zerstörung der Lebensräume

Wenn die Größe der einem Lebensraum zur Verfügung stehenden Fläche abnimmt, verringert sich dadurch auch die Zahl der dort vorkommenden Arten. Denn je kleiner die Fläche ist, desto größer ist die Wahrscheinlichkeit der Inzucht. Die Nachkommen müssen häufiger mit einer doppelten Dosis defekter Gene umgehen. Zudem sind die Arten oft auf nur spärlich verteilte Nahrungsressourcen angewiesen. Sie müssen oft ihr Gebiet verlassen und auf Nahrungssuche streckenweit über ihr angestammtes Gebiet zurücklegen. Eine räumlich stärker begrenzte Population kann zudem eher auf einen Schlag vernichtet werden, z. B. durch einen Sturm oder eine Überflutung.

Dazu kommt noch, dass das Verhältnis von Randlänge und eingeschlossener Fläche bei abnehmender Fläche zunimmt. Bei kleineren Flächen kommen den Randeffekten mehr Bedeutung zu. So dringen gefährliche Biozide, Düngemittel, Feuchtigkeit oder Trockenheit, industrielle Emissionen, fremde Arten, Feuer und nicht zuletzt Menschen häufiger ein und stören das fragile Gleichgewicht.

Manchmal werden Teile eines vorhandenen Biotops in Gebiete umgewandelt, in denen die vorhandenen Arten keinen Lebensraum mehr finden, z. B. durch das Abholzen oder Verbrennen von Wald, Maßnahmen zur Nutzung von Wasser aus Flüssen und Seen, Trockenlegung von Feuchtgebieten, menschliche Besiedlung oder intensiven Tourismus. Eine Bioptopfläche wird auch kleiner, wenn neue, breitere Verkehrwege sie zerteilen oder Waldabschnitte anders genutzt werden.

Ein Land, an dessen Beispiel man die Folgen der Waldzerstörung exemplarisch zeigen kann, ist Singapur. Als die Briten sich dort im Jahr 1819 niederließen, bestand circa 95 % der 540 $km^2$ großen Fläche Singapurs aus Regenwald. Im Jahr 2003 waren noch 24 $km^2$ Wald übrig, wovon weniger als 10 % aus den ursprünglichen Bäumen bestand. Der Wald war zunächst der Landwirtschaft und dann der Bebauung zum Opfer gefallen. Es sind seitdem 77 % aller einheimischen Schmetterlingsarten und 87 % aller Krebstierarten nicht mehr in freier Natur zu finden. 15 % der Schmetterlingsarten und 6 % der Krebstierarten findet man noch in kleinen Reservaten.

Man betrachte nun, im Vergleich zu den 540 $km^2$ in Singapur, das Ergebnis von Satellitenaufnahmen des Amazonasgebiets: 1978 betrug die Fläche an zerstörtem Wald 78.000 $km^2$ und zehn Jahre später 230.000 $km^2$. Man mag argumentieren, dass der Vergleich mit Singapur ungerechtfertigt ist, weil Tiere von einem Teil Amazoniens zu einem anderen wandern können. Doch man stellte bereits 1988 durch Satellitenaufnahmen eine massive Zerstückelung des Amazonasgebiets fest, wobei häufig nur 100 $km^2$ große, isolierte Gebiete als Lebensraum zur Verfügung stehen.

Die Regenwälder Südamerikas, Afrikas und Südostasiens sind zwar weit weg, doch sie beeinflussen massiv jede Region der Erde in doppelter Weise. Zum einen bestimmen sie den Verlauf des Klimas, weil sie Kohlendioxid binden. Zum anderen beherbergen sie Tiere, darunter Millionen Insekten, Spinnen und Krebse, die sowohl wirtschaftlichen und technischen wie auch ästhetischen Wert haben bzw.

haben könnten. Die Zerstörung dieser Wälder geht aber so rasch, dass wir davon ausgehen müssen, dass jeden Tag Tausende Tiere verschwinden, bevor sie überhaupt entdeckt werden.

Weltweit wurde bislang die Hälfte aller tropischen Wälder, also 9 Millionen $km^2$, zerstört. In den folgenden Bildern werden exemplarisch drei Gebiete gezeigt, in denen die Zerstörung sichtbar wird: im Westen Ecuadors, auf der Insel Borneo und in Costa Rica.

Über neunzig Prozent der Wälder Westecuadors sind in den letzten vierzig Jahren vernichtet worden. Man schätzt, dass durch die Rodungen über die Hälfte der dort einheimischen Pflanzen- und Tierarten ausgerottet wurden oder dem Untergang geweiht sind. Viele andere artenreiche Gebiete der Erde sind ähnlich bedroht.
*(Quelle: Edward O. Wilson, «The Diversity of Life», Seite 265, Harvard Univ. Press, 1992)*

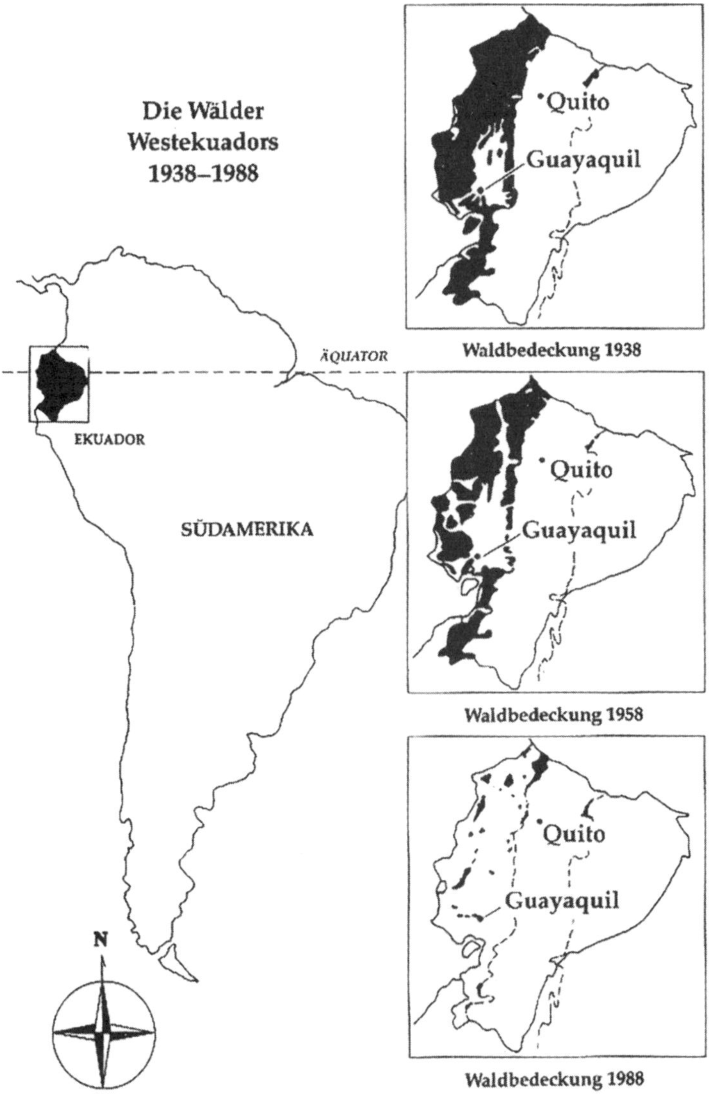


Rückgang des tropischen Waldes in Ecuador (Quelle: Edward O. Wilson, «The Diversity of Life», Seite 265, Harvard Univ. Press, 1992).

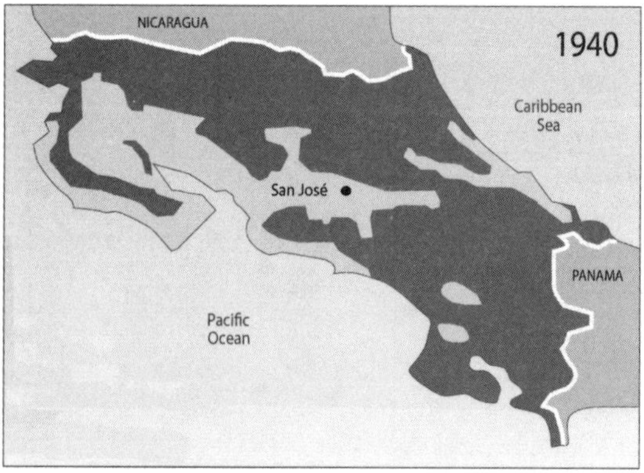
NICARAGUA
1940
Caribbean Sea
San José
PANAMA
Pacific Ocean

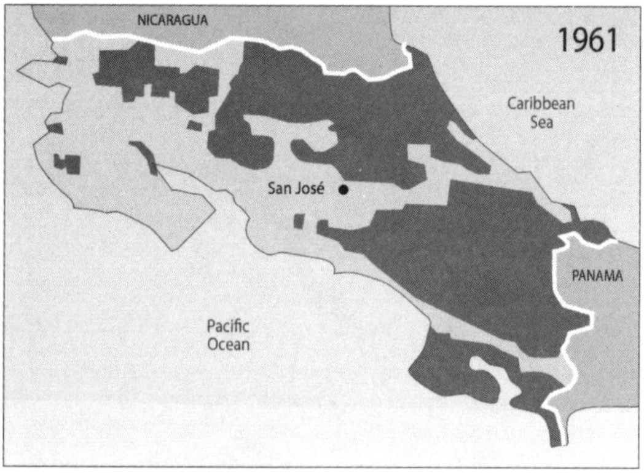
NICARAGUA
1961
Caribbean Sea
San José
PANAMA
Pacific Ocean

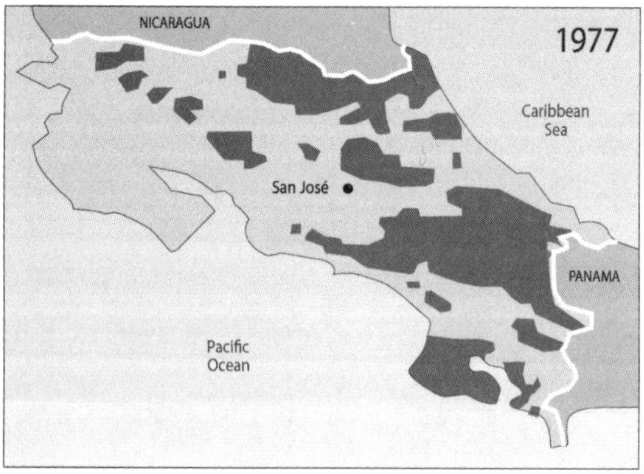
NICARAGUA
1977
Caribbean Sea
San José
PANAMA
Pacific Ocean

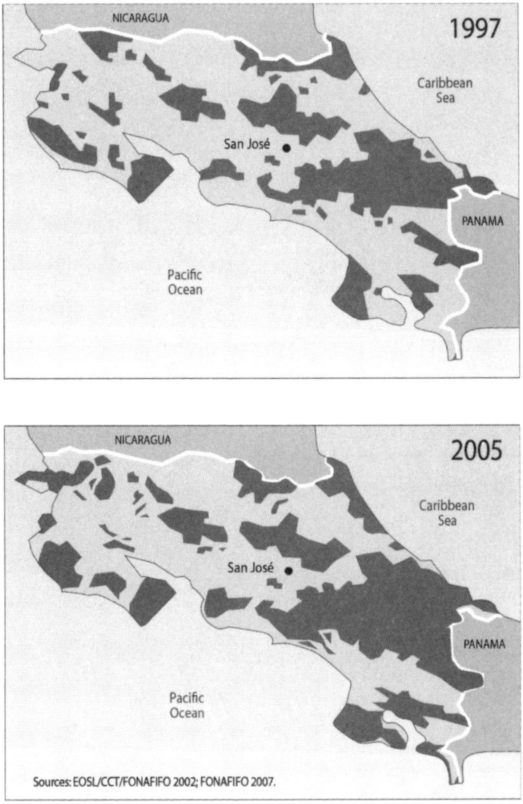


Rückgang des tropischen Waldes in Costa Rica. Durch vorbildliche Wiederaufforstung (letztes Bild) konnte in Costa Rica die Bewaldung von 1977 annähernd wiederhergestellt werden. (Quelle der Fotos von 1940 bis 2005: UNEP/GRID-Arendal)

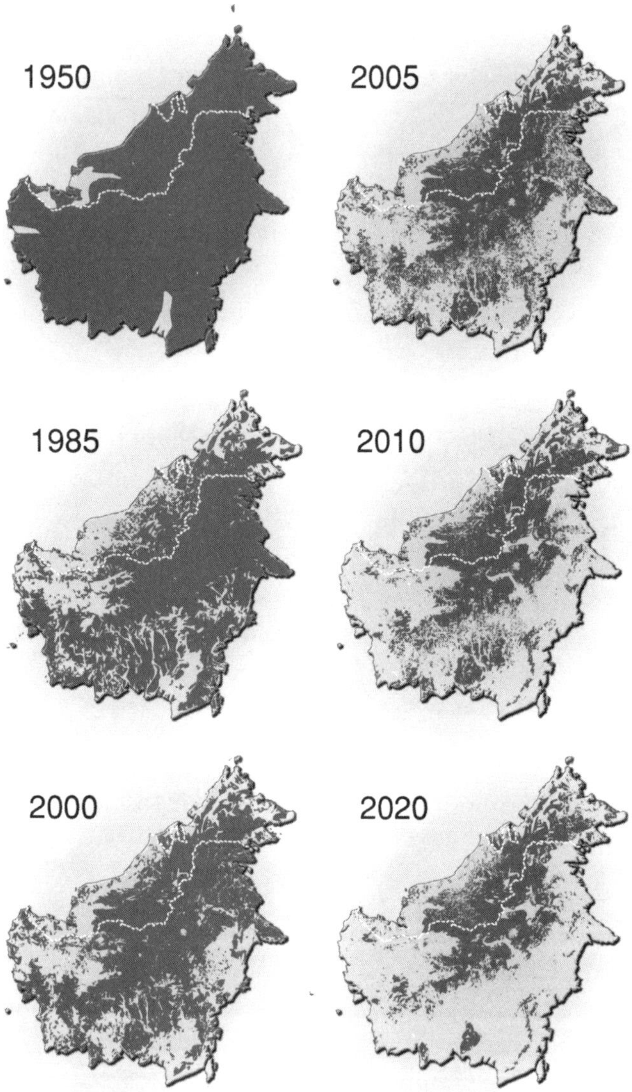


Zerstörung tropischer Wälder in Borneo. Die weiße Linie zeigt die Grenze zwischen Malaysia und Indonesien. Das letzte Bild ist eine Voraussage mit den Daten aus dem Jahr 2010. (Quelle: UNEP/GRID-Arendal)

Wir stehen vor der schwierigen Aufgabe, sowohl einzelne Arten wie auch ganze Ökosysteme, mit teilweise noch unbekannten Arten und Zusammenhängen, zu schützen. Dabei geht es nicht nur um den Erhalt von teilweise wunderschönen Geschöpfen, sondern auch um unseren Wohlstand, vielleicht sogar um unser Überleben. Wir brauchen die Insekten in den unterschiedlichsten Bereichen unseres Ökosystems. Man denke nur daran, dass weniger Insekten einfach weniger Bestäubung und damit weniger Ertrag bedeuten. Oder dass wir darauf angewiesen sind, dass Insekten Fäkalien und sonstige tote Materie entsorgen. Ohne Insekten müssten wir auf viele Naturprodukte, wie etwa Obst oder Raps, verzichten und würden in natürlichem Müll ersticken. Andere Auswirkungen auf unser Leben, wie zum Beispiel das Aussterben von für uns wichtigen Ökosystemen, in denen Insekten und ihre Verwandten zu den untersten Gliedern der Nahrungskette gehören, werden sich uns möglicherweise erst erschließen, wenn es zu spät ist.

Jenseits all dieser «handfesten» Betrachtungen von Nutzen und wirtschaftlichem Vorteil möchte ich an dieser Stelle nicht vergessen, dass sehr viele Insekten einfach wunderschön sind, Kunstwerke der Natur, die uns immer wieder staunen lassen. Sollten sie tatsächlich weiterhin weniger werden, würde es eine für jeden von uns spürbare Verarmung der uns umgebenden Natur bedeuten.

TEIL 4

# Was können wir tun?

## » Biologische Schädlingsbekämpfung – warum?

Zu den sogenannten Pestiziden der ersten Generation gehören der schon von Griechen und Römern benutzte Schwefel, meistens vermischt mit Öl, Kerosin zur Beschichtung von Teichen sowie Blei-Arsen-Verbindungen, Nikotin und das pflanzliche Gift Rotenon. Wesentlich giftiger waren dann die Pestizide der zweiten Generation, die seit den 1940er-Jahren eingesetzt wurden. Dazu gehört in erster Linie DDT. 1962 erschien das Buch «Der stumme Frühling» von Rachel Carson. Das Buch, in dem sie die Auswirkungen von DDT auf die Fauna und Flora und schließlich auch auf die Menschen aufzeigte, wurde ein Bestseller. Schlagartig wurde einer breiten Öffentlichkeit bewusst, welche ungeheuerlichen Schäden durch all diese Pestizide entstanden. Da diese Gifte nicht schädlingsspezifisch waren, töteten sie auch die nichtschädlichen Tiere, die z. B. bei Insekten über 99 % aller Arten ausmachen. Zudem gelangten sie über die Luft, das Grundwasser, ungewaschene Lebensmittel sowie über die Nahrungsketten in den Körper von Menschen und verursachten ernsthafte Gesundheitsschäden. Darüber hinaus mussten die Pestizide immer höher dosiert werden und wirkten am Ende gar nicht mehr, weil die Tiere dagegen resistent wurden.

Noch heute wird die Anwendung von Pestiziden in vielen Ländern dieser Erde nach dem Motto «Je mehr, desto besser» durchgeführt. Die Folgen sind massive Schäden. So fand man beispielsweise im Jahr 2004 in Kenia 187 tote Geier nahe der Leiche eines Kamels. Bei der Untersuchung des Kamels fand man tödliche Mengen des Insektizids Carbofuran. Geier wirken als «optische Multiplikatoren», da die Zahl der toten Vögel, die sich gemeinsam von einem toten, verseuchten Tier ernährt haben, sehr auffällig ist. Demgegenüber fallen tote Säugetiere, die über ein weites Areal verstreut liegen, weniger auf. Zwischen 1990 und 2006 registrierte man in Spanien 241 Fälle, in denen der Tod von Geiern – wie auch im Beispiel Kenia – der Beweis für die Todesursache bei verendeten Tieren war. Weitere Untersuchungen wurden angestellt und führten schließlich dazu, dass ein Missbrauch von Pestiziden (Aldicarb, Carbofuran und bis zum Jahr 2000 auch Strychnin) in Spanien nachgewiesen werden konnte.

Nachdem aus Bangladesch zahlreiche Fälle von Vergiftungserscheinungen bei Menschen durch Pestizide gemeldet worden waren, führten im Jahr 2007 Forscher um Susmita Dasgupta von der Weltbank eine detaillierte Befragungsaktion bei 820 dortigen Bauern durch. Sie fanden, dass nur 4 % der Bauern in Sachen Pestizidbenutzung ausgebildet waren. 87 % gaben offen zu, keine Ahnung von erforderlichen bzw. schädlichen Mengen zu haben, argumentierten meistens aber, dass ihre Maßnahmen dringend waren und deshalb große Mengen erforderten. 49 % der Bauern gaben an, irgendwann nach Anwendung der Pestizide unter Augenreizungen, Kopfschmerzen, Erbrechen und Hautausschlägen gelitten zu haben. Man findet viele ähnliche Beispiele in der Fachliteratur. Oft werden solche Missstände dadurch verstärkt, dass Pestizidbehälter in Entwicklungsländern keine Aufkleber mit Gebrauchsanweisungen besitzen oder dass diese aufgrund von Analphabetismus oder Nachlässigkeit nicht gelesen werden. Jedenfalls ist angesichts des oben erwähnten Berichts über Spanien wohl nicht nur in Entwicklungsländern eine Schulung der Bauern notwendig.

## » Biologische Schädlingsbekämpfung

Biologische Methoden zur Schädlingsbekämpfung zielen genauer als chemische. Sie bekämpfen häufig Schädlinge durch den direkten Einsatz von biologischen Feinden, die oft nur den Schädlingen schaden und für andere ungefährlich sind. Leider sind diese Methoden in vielen Fällen teurer. So zahlt man z. B. für den Einsatz von Schlupfwespen der Gattung *Trichogramma* gegen die Raupe der Maiszünsler-Motte zurzeit etwa 50 Euro mehr pro Hektar, als wenn man mit chemischen Mitteln gegen diesen Schädling vorgehen würde. Die Bekämpfung mit biologischen Methoden wirkt im Allgemeinen langsamer. Zudem muss für jeden Schädling eine andere Maßnahme ergriffen werden. Der Einsatz von biologischen Mitteln erfordert zudem mehr Sachkenntnis. Wer damit umgeht, muss z. B. den Schädling erkennen und den optimalen Termin für die Anwendung der Maßnahmen festlegen können. In einigen Ländern muss man daher eine Zulassung besitzen bzw. eine Prüfung über die Anwendung biologischer Methoden ablegen. Im Folgenden werden verschiedene Methoden beschrieben, die, wenn auch in beschränktem Maß, erfolgreich angewendet wurden. Es ist erfreulich, dass die biologische Schädlingsbekämpfung nicht nur ein Thema für vereinzelte «Ökospinner» geworden ist.

## » Insekten gegen Insekten

Seit dem 4. Jahrhundert n. Chr. setzten chinesische Bauern Ameisen ein, um Schädlinge zu bekämpfen. Überliefert ist der Einsatz der Arten, die heute als die Pharaoameise *Monomorium pharaonis* und als die Weberameisenart *Oecophylla smaragdina* bekannt sind. Man verwendete sie zur Bekämpfung von Schildwanzen auf Zitrus- und Litschibäumen und beseitigte mithilfe dieser Ameisen Vorratsschädlinge in Lagerräumen. Mittlerweile wurden weltweit Tausende räuberische Käfer, parasitäre Wespen und Fliegen zur Beseitigung von schädlichen Insekten getestet. Ungefähr 300 werden heute mit Erfolg eingesetzt. Ende des 19. Jahrhunderts tauchte auf Zitrusbäumen in Kalifornien die schädliche Wollsackschildlaus *Icerya purchasi* auf. Diese Schildlaus war in Australien bereits bekannt. Vermutlich war sie durch Warenimporte nach Kalifornien gelangt. Man konnte also einfach ihren australischen Feind, den räuberischen Vedalia-Käfer *Rodolia cardinalis*, einen Verwandten des Marienkäfers, importieren. Danach stieg innerhalb von einem Jahr die jährliche kalifornische Produktion von Zitrusfrüchten von 700 auf 2000 Güterwaggons. Ähnliches geschah mit der Maulwurfsgrille *Scapteriscus vicinus*, die Ende des 19. Jahrhunderts ungewollt von Brasilien in die USA eingeschleppt wurde. Diese Maulwurfsgrille nagt an Wurzeln von Nutzpflanzen. Man fand ihren Hauptfeind in Brasilien, die Wespe *Larra bicolor*, die die Grille aus ihrem Bau treibt, sie durch einen Stich lähmt und ein Ei in ihr ablegt. Die gelähmte Grille erholt sich von dem Stich, kehrt in ihren Bau zurück und bringt sodass Ei in eine für die Entwicklung der Wespe günstige Umgebung. Später schlüpft aus dem Ei die Wespenlarve, die dann das Innere der Grille langsam verzehrt.

Tomaten- und Gurkenzüchter setzen häufig die winzige Wespe *Eucarsia formosa* ein, um die Weiße Fliege *Trialeurodes vaporariorum* zu töten. Diese Fliege schädigt die Pflanzen, indem sie einerseits ihren Saft saugt und andererseits durch ihren zuckerhaltigen Kot die Entwicklung eines Pilzes ermöglicht, der die Früchte und die Blätter zerstört. Die *Eucarsia*-Wespe legt ihre Eier in die Larve dieser Fliege. Ähnlich geht die Wespe *Apanteles glomeratus* vor. Sie legt ihre Eier in die Larve des Großen Kohlweißlings *Pieris brassicae* und rettet so die Kohlplantagen.

Große Bedeutung hat auch die Raubmilbe *Phytoseiulus persimilis*. Jedes dieser Tiere kann fünf bis zwanzig Spinnmilben abtöten. Spinnmilben zerstören die Blätter von Gurken, Tomaten, Auberginen, Bohnen und Zierpflanzen. Die Raubmilbe injiziert ihnen ein Verdauungssekret und saugt anschließend ihr Inneres aus. Erst wenn eine Pflanze milbenfrei ist, wechseln die Raubmilben die Pflanzen, hinterlassen aber ihre Eier. Die daraus schlüpfenden Larven fressen dann die noch vorhandenen Eier der Spinnmilben.

Die Liste weiterer Beispiele ist riesig. Vor Kurzem wurden Berichte aus Ghana veröffentlicht, wo Kakaoplantagen dadurch gerettet wurden, dass ausgesetzte Weberameisen Weichwanzen fraßen, die wiederum von Viren und Pilzen befallen waren, welche auf die Kakaopflanzen übergehen und sie schädigen.

Bedeutsam sind auch die Mückenlarven der Gattung *Toxorhynchites*. Sie fressen andere Mückenlarven und werden deshalb erfolgreich zur Bekämpfung von krankheitsübertragenden Mücken eingesetzt. Ebenfalls von Nutzen sind Schlupfwespen, z. B. die der Gattung *Trichogramma*, die gegen den Maiszünsler, den Traubenwickler, die Kohleule und den Apfelschalenwickler – alles schädliche Raupen – eingesetzt werden. Diese Schlupfwespen kann man sogar «trainieren», indem man sie belohnt, wenn sie den Geruch der Raupen erkennen. Das ist eine aufwendige und teure, doch dafür auch besonders wirksame Methode.

## » Bakterien und ihre Gifte gegen Insekten

Seit 1938 werden in der Landwirtschaft die Gifte des Bakteriums *Bacillus thuringiensis*, genannt Bt-Toxine, eingesetzt. Dieses Bakterium wurde 1911 von Ernst Berliner in Thüringen (daher der Name) entdeckt und man findet es in den Wurzeln einiger Pflanzen. Dort schützt es mithilfe der von ihm erzeugten Gifte die Pflanzen gegen Insektenlarven. Die Gifte werden in den Larvendärmen zu Stoffen verdaut und erzeugen dort Öffnungen, die zum Tod der Larven führen. Damit dies geschehen kann, müssen im Darminneren bestimmte Bindungsstellen für diese Gifte vorhanden sein. Diese Bindungsstellen kommen zufällig nur in schädlichen Larven vor. Bt-Toxine der Unterart *Bacillus thuringiensis israelensis* können zur Bekämpfung verschiedener Stechmücken eingesetzt werden. Sie schädigen zum Beispiel die Mücken der Gattung *Aedes*, Überträger von Denguefieber und Gelbfieber, der Gattung *Anopheles*, Überträger der Malaria, sowie der *Gattung Simulium*, welche die Onchozerkose überträgt, eine tropische Krankheit, die zur Erblindung führen kann.

Weitere bakterielle Toxine, z. B. TcA, stammen aus der Bakteriengattung *Photorhabdus luminescens*. Diese Bakterien leuchten bläulich. Daher stammt ihr Name aus dem lateinischen *lumen*, Licht. Die Toxine werden gegen die Tabakmottenschildlaus, die u. a. Tomaten, Baumwolle, Bohnen und Weihnachtssterne angreift, sowie gegen den Kartoffelkäfer eingesetzt. Manchmal werden nicht nur die bakteriellen Toxine, sondern auch Bakterien als Ganzes eingesetzt. Viele Bakterien erzeugen zusätzlich Antibiotika, wodurch sie andere Bakterien töten, die für Nützlinge und für den Menschen schädlich sind. Im nordamerikanischen Bürgerkrieg entstand so der Begriff «Angel's Glow». Wunden von Soldaten, die mit *Photorhabdus*-Bakterien infiziert waren, leuchteten und heilten erstaunlicherweise schneller.

Obwohl diese Bakterien bzw. ihre Gifte den Vorteil haben, dass sie nur bestimmte Schädlinge und keine Nützlinge angreifen, muss man jedoch einräumen, dass die Insekten ihnen gegenüber Resistenzen ausbilden können. Dokumentiert wurde dies z. B. Ende der 1980er-Jahre bei der Kohlschabe, bis heute aber nicht bei Stechmücken.

## » Gentechnik

Inzwischen kann man das Gift produzierende Gen eines Bakteriums in eine Nutzpflanze gentechnisch einfügen. Die Pflanze kann sich dann sozusagen selbst schützen. Verglichen mit äußerlich angebrachten Bakterien oder ihren Giften hat dies den Vorteil, dass sie nicht einfach vom Regen weggespült werden und so verloren gehen bzw. Nützlingen schaden können.

Die Palette von Anwendungen der Gentechnik geht weit über die Erzeugung schädlingsbekämpfender Pflanzen hinaus. So hat man

z. B. durch Genmanipulation pestizidresistende nützliche Insekten und herbizidresistente Nutzpflanzen erzeugt. Ferner konnte man nützliche Eigenschaften von Pflanzen, die durch Züchtungsprozesse verloren gegangen waren, wiederherstellen. Ein Beispiel dafür ist Mais, der Duftstoffe produzierte, um Fadenwürmer anzulocken, die den schädlichen Maiswurzelbohrer vernichten. Durch Einschleusen von Oregano-Genen, die ebenfalls diesen Lockstoff produzieren, konnte die Fähigkeit des «Hilferufens» bei den Maispflanzen wiederhergestellt werden.

Die vielleicht ehrgeizigste Idee konnte allerdings noch nicht umgesetzt werden. Es handelt sich um die Erzeugung von manipulierten Stechmücken, wie etwa der Gattung *Anopheles* oder *Aedes*, die nicht in der Lage sind, Krankheitserreger, wie Malaria oder Denguefieber, mit ihrem Speichel weiterzugeben, bzw. die die Vermehrung der Erreger in ihrem Speichel verhindern. Doch wie könnten sich die ausgesetzten «guten» gegen die «bösen» Mücken durchsetzen? Dazu bietet sich das Einfügen von sogenannten «springenden Genen» an, für deren Entdeckung 1983 die US-Amerikanerin Barbara McClintock den Nobelpreis erhielt. Diese Gene scheren aus ihrer Umgebung aus und fügen sich immer wieder in andere Genträger der Zellen ein. Außerdem können sich diese Gene selbst vielfach kopieren. Auf diese Weise erben mehr als die Hälfte der Nachkommen (bei nur einem Elternteil, welches die Gene trägt) das eingefügte Gen und innerhalb weniger Generationen kann so die gesamte Insektenpopulation das erwünschte Merkmal aufweisen. Ein anderer Einsatz ist die gentechnische Erzeugung steriler Schädlingsmännchen, die durch wiederholte «Überschwemmung» der normalen Population nach einigen Generationen zu deren Auslöschung führen. Dies alles klingt vielversprechend, aber es soll hier nicht außer acht gelassen werden, dass die Gentechnik umstritten ist. Es sollten aber trotzdem die einschlägigen gentechnischen Versuche, die in Zusammenhang mit dem Erhalt und Schutz der Insekten stehen, nicht unbeachtet bleiben.

## » Hormone, Pheromone und Antipheromone gegen Insekten

Neben den Bakterien werden auch verschiedene Typen von Hormonen und Pheromonen bzw. ihre Hemmer als Insektizide eingesetzt. Dazu gehören Wachstumsregulatoren, Aggregationspheromone, Sexuallockstoffe und Alarmpheromone. Sie alle haben den Vorteil, dass sie biologisch schnell abbaubar sind und dass sie den Menschen und anderen Tieren außer den Schädlingen nichts antun. Darüberhinaus können Insekten gegen Hormone bzw. Pheromone nicht resistent werden, da sie diese für ihre Entwicklung brauchen und ohne sie nicht überleben können.

Wie Wachstumsregulatoren eingesetzt werden, wurde bereits im Abschnitt «Wie ein einfaches Papiertuch nützliche Insekten gerettet hat» auf Seite 46 beschrieben. Zu diesen Regulatoren gehören die bereits isolierten und synthetisierten Juvenilhormone. Diese sind artenspezifisch und verhindern die Verpuppung. Sie haben aber den Nachteil, dass die Insekten nicht in ihrer schädlichen Phase, nämlich als Larve, angegriffen werden. Ein weiterer Regulator ist das von Adolf Butenandt in den 1940er-Jahren aus einer Million Puppen des Seidenspinners – entsprechend 500 Kilogramm Kokons – isolierte Verpuppungshormon. Dieses Hormon beendet das Larvendasein, ist jedoch nicht artenspezifisch. Es könnte also auch Nützlinge töten. Aufgrund dieser Nachteile von Juvenil- und Verpuppungshormonen konzentriert man sich zurzeit auf artenspezifische Hemmstoffe von Juvenilhormonen.

Eine andere Methode benutzt man im Kampf gegen Borkenkäfer. Normalerweise senden Borkenkäfer, die einen geeigneten Baum gefunden haben, Hormone aus, um weitere Käfer anzulocken. Ein Vorteil für das Fortbestehen dieser Art, denn auf diese Weise finden Männchen und Weibchen leichter zueinander. Man setzt also diese sogenannten Versammlungspheromone als Köder ein, um sie zu fangen. Die Hormone kommen in Sammelbehälter und darüber Trichter oder Rohre mit Löchern oder Schlitzen. Speziell gegen den Borkenkäfer *Ips typographus*, den sogenannten «Buchdrucker», werden in Skandinavien Hunderttausende solcher Fallen pro Jahr aufgestellt. Die Methode ist absolut artenspezifisch, doch leider gibt es nur wenige Arten, die solche sozialen Hormone erzeugen und darauf in der gewünschten Weise reagieren.

Bei Sexuallockstoffen ist das einfacher. Diese werden auf zweierlei Weise eingesetzt: einmal in Fallen, die sowohl den Lockstoff als auch gleichzeitig ein Gift enthalten, oder aber durch die sogenannte Verwirrungsmethode. Dabei versprüht man eine große Menge des Lockstoffes an vielen verschiedenen Orten. Das verdeckt die Signale der Insekten und verwirrt die paarungsfreudigen Partner. Den ersten Versuch mit Sexuallockstoffen unternahm Jean Henri Fabre im 19. Jahrhundert. Er schloss ein einzelnes Weibchen von je einer Nachtfalterart in Stoff ein. Dutzende Männchen der entsprechenden Arten gingen in die Falle. Anfang des 20. Jahrhunderts ging man einen Schritt weiter, indem man die Hinterleiber von Weibchen in Lösungsmittel, z. B. Benzol, einlegte und die entstehende Lösung in Fallen legte. So konnte man, wenn auch nur in beschränktem Maß die waldzerstörenden Schwammspinner in den USA in Schach halten.

Der Durchbruch bei der Verwendung von Sexuallockstoffen kam aber erst, als es gelang, die aktiven Stoffe zu isolieren. Dabei fand man heraus, dass auch Männchen solche Lockstoffe aussenden und dass man die beste Wirkung erreichte, wenn man weibliche und männliche Stoffe mischte. Sexuallockstoffe wirken bis zu einer Entfernung von 5 Kilometer! Dabei reichen nur 100 Moleküle eines Stoffes aus, um die entsprechenden Partner damit zu erreichen. Manche dieser Stoffe können auch wir Menschen wahrnehmen und empfinden sie sogar als angenehm. So z. B. trans-2-hexenyl-acetat, das der Nobelpreisträger Adolf Butenandt 1957 zusammen mit seinem vietnamesischen Mitarbeiter Nguyen Dang Tam aus einer ostasiatischen Wasserwanze isolierte. Dieser Stoff wurde später als Parfum vermarktet.

Die Liste der inzwischen isolierten bzw. synthetisierten Sexuallockstoffe der Insekten ist riesig. Die Gewinnung ist allerdings sehr mühsam. So mussten Martin Jacobson und Morton Beroza im Landwirtschaftlichen Ministerium der USA 10.000 weibliche Schaben neun Monate lang mit Luft umströmen, um 12 Milligramm des Lockstoffes zu erhalten. Die gleichen Forscher benötigten mit demselben Verfahren 500.000 Weibchen des Schwammspinners, um 20 Milligramm des begehrten Stoffes zu isolieren. Häufig erwähnt wird auch das Beispiel des ebenfalls mühsam isolierten Lockstoffs Methyleugenol, der aus der Orientalischen Fruchtfliege *Bactrocera dorsalis* gewonnen wurde. Diese Fliege schädigt über 300 Kultur- und Wildpflanzen. Durch den Einsatz von Methyleugenol konnte sie auf der 90 Quadratkilometer großen nordpazifischen Insel Rota im Jahr 1972 vollständig ausgerottet werden. Oft setzt man solche Lockstoffe nicht nur zur Tötung von Insekten ein, sondern auch zur ökologischen Überwachung, d. h. um festzustellen, ob und in welchem Umfang bestimmte Insekten vorhanden sind.

Bei einer anderen Methode benutzt man Alarmpheromone. Diese werden von Pflanzen ausgesandt, die von Schädlingen geplagt werden. Die Pflanzen locken damit Insekten an, die diese Schädlinge vernichten sollen. Einer dieser Stoffe, nämlich eine Substanz aus der Gruppe der Jasmonate, wurde zum Beispiel 1999 von Jennifer Thaler von der Universität von Kalifornien erfolgreich auf Tomatenfelder gesprüht, um die Wespe *Hyposoter exiguae* anzulocken. Diese Wespe befreite die Tomatenblätter von der Raupe des Eulenfalters *Spodoptera exigua*.

Ein anderer Typ von Alarmpheromonen wird nicht von Pflanzen, sondern von Insekten, z. B. von Blattläusen, ausgesandt. Wenn einige Tiere die Anwesenheit eines Räubers wahrnehmen, senden sie diese Pheromone aus, um die gesamte Population zur Flucht anzuregen.

Seit 2012 werden Versuche durchgeführt, derartige Alarmpheromone gezielt zu versprühen oder das entsprechende Gen in gefährdete Pflanzen einzufügen. Auch sogenannte Antipheromone haben sich als effizient erwiesen. Dabei handelt es sich um Substanzen, die den Wahrnehmungsmechanismus für Sexuallockstoffe in den Insektenantennen verhindern. Ein Beispiel ist (Z)-9-Tetradecen-1-ol, das gegen den Baumwollkapselbohrer *Helicoverpa zea* eingesetzt wird.

## » Viren, Pilze und Fadenwürmer als Insektizide

Im Handel werden verschiedene Arten von sogenannten Polyhedrose-Viren als Insektizide angeboten. Eine Art dieser Viren wirkt spezifisch gegen den Baumwollkapselbohrer *Helicoverpa zea* und gegen die Amerikanische Tabakeule *Heliothis virescens*. Eine andere Virenart ist spezifisch wirksam gegen die Waldschädlinge *Lymantria dispar*, den Schwammspinner, und *Lymantria monacha*, die sogenannte Nonne.

Bei Pilzen, die schädliche Insekten vernichten, unterscheidet man zwischen *Entomophthorales*, die fast ausschließlich oberirdisch lebende Insekten angreifen, und *Hyphomycetes*, die im Boden lebende Tiere befallen. Zu den ersten zählt z. B. *Neozygites fresenii*. Dieser Pilz greift die Schwarze Bohnenblattlaus und die Rübenblattlaus an. Zu den *Hyphomycetes* zählt der Pilz *Metarhizium anisopliae*, der schon seit Ende des 19. Jahrhunderts gegen die Engerlinge des Südlichen Getreidelaubkäfers und des gefräßigen Rübenderbrüsslers eingesetzt wird. Pilze entfalten ihre Wirkung langsamer als andere insektenfeindliche Agenten. Andererseits ist die Spezifität vieler Pilzarten sehr hoch, d. h., sie wirken nur gegen ganz bestimmte Arten. Außerdem vermehren sie sich im Lauf der Zeit und können so Schädlinge über viele Generationen angreifen. Parasitäre Fadenwürmer der Arten *Steinernema carpocapsae*, *Heterorhabditis megidis* und *Heterorhab-*

*ditis bacteriophora* werden gegen den Dickmaulrüssler eingesetzt, einen Käfer, dessen Larven die Wurzeln von Nutzpflanzen fressen. Die Fadenwürmer *Steinernema feltiae* greifen die Larven der Mücken der Familie *Sciaridae* (Trauermücken) an. Diese Mücken schaden den Stecklingen und Wurzeln von Jungpflanzen. Alle diese Fadenwürmer sind im Handel als biologische Insektizide erhältlich.

## » Insekten und Pilze als Herbizide

Das Aussterben von Insekten und ihren Verwandten hängt in großem Maß mit der Anwendung chemischer Herbizide zusammen. Viele Insekten sind auf ganz bestimmte Pflanzen spezialisiert. Fehlt diese Pflanze plötzlich als Nahrung für die Larven, geht manchmal eine ganze Population innerhalb kürzester Zeit zugrunde. Chemische Herbizide wirken zudem direkt auf manche Insekten und schädigen sie langfristig, gleich ob wir sie zu den Schädlingen oder Nützlingen oder keinen von beiden zählen. Deshalb ist es oftmals sinnvoll, solche Herbizide durch andere Mittel, nämlich Insekten und Pilze, zur Unkrautvernichtung zu ersetzen. Ein Beispiel: Der Feigenkaktus *Opuntia vulgaris*, ursprünglich ein Bewohner amerikanischer Halbwüsten, wurde nach Indien eingeschleppt und entwickelte sich dort zu einer regelrechten Landplage. Mitte des 19. Jahrhunderts bekam man diese Plage unter Kontrolle, indem man einen natürlichen Feind dieser Pflanze, die Deckelschildlaus *Dactylopius ceylonicus*, in Indien einführte.

Auch Pilze haben sich gegen Pflanzenplagen bewährt. Bekannt geworden ist der im Handel befindliche Pilz *Colletotrichum gloeosporioides*, der unter dem Namen *Collego* zur Bekämpfung der schädlichen Wicke *Aeschynomene virginica* auf den Reisfeldern der USA eingesetzt wird. Erfolge erzielte man auch in Australien bei der Bekämpfung des Binsen-Knorpellattichs *Chondrilla juncea* – er wurde vom Mittelmeerraum aus eingeschleppt – mit seinem natürlichen Feind, dem Rostpilz *Puccinia chondrillina*. Ein weiteres Beispiel ist der Einsatz des Pilzes *Cercospora rodmanii* gegen die Wasserhyazinthe *Eichhornia crassipes*. Ende des letzten Jahrhunderts wurde diese südamerikanische Wasserpflanze zur Zierde von Gartenteichen weltweit populär, bis sie viele Seen und Flüsse bedeckte und alles Leben unter sich erstickte.

Andrea Stierle entdeckte 1988 in ihrer Doktorarbeit an der Staatsuniversität von Montana, USA, den Wirkstoff Maculosin im Pilz *Alternaria alternata*, der die Rispen-Flockenblume *Centaurea maculosa* angreift. Diese Flockenblume ist nutzlos und hatte in Nordamerika Futterpflanzen von Wild und Vieh verdrängt. Erfreulich bei dieser Entdeckung ist, dass Maculosin spezifisch nur auf die Flockenblume wirkt und so die sonstige Umwelt verschont. Es gelang Andrea Stierle sogar, synthetisches Maculosin herzustellen. Damit wurde die Unkrautbekämpfung in diesem Fall noch einfacher und billiger.

## » Push-pull-Technologie

Diese raffinierte Methode besteht darin, dass man innerhalb einer landwirtschaftlichen Kultur Pflanzen oder Substanzen platziert, die auf einen Schädling abstoßend wirken («push»). Um das Feld herum pflanzt man einen Gürtel aus Pflanzen, die besonders anziehend auf den Schädling wirken («pull»). Die Schädlinge fressen und vermehren sich dann im anziehenden Pflanzengürtel und meiden die zu schützenden Pflanzen innerhalb des Feldes. Die Push-pull-Technologie hat sich in Ostafrika gegen den Maiszünsler bewährt. Dort setzt man Pflanzen der Gattung *Desmodium* zwischen die Maispflanzen. *Desmodium* wirkt abstoßend auf den Maiszünsler. Ringsherum pflanzt man Napiergras (*Pennisetum purpureum*). Das liebt dieser Schädling noch mehr als Mais. Als Nebeneffekt tötet *Desmodium* auch ein Unkraut namens *Striga* ab. Neuerdings wird die Push-pull-Methode auch in Rapsplantagen angewendet. Zur Abstoßung verwendet man Lavendelöl oder bestimmte Pheromone. Den Rand der Rapsfelder bepflanzt man mit Rübsen. Rapsschädlinge bevorzugen diese Kreuzblütengewächse und schätzen sie noch mehr als den Raps.

## » Einrichtung von Schutzgebieten

In Deutschland gibt es zahlreiche Naturparks und Biosphärenreservate, die aber alle nur beschränkt ökologisch wirksam sind, da die wirtschaftliche Nutzung der dort vorhandenen Ressourcen teilweise erlaubt ist. Ausschlaggebend für die Diskussion über die Wirkung solcher Gebiete ist, dass die Zahl der Arten abnimmt, wenn sich die Lebensraumfläche verringert, was auch durch sorgfältiges professionelles Eingreifen kaum ausgeglichen werden kann. Grundsätzlich gibt es verschiedene Varianten von Schutzgebieten, d. h. von künstlich erstellten und überwachten Nischen für den Artenschutz:

- Nationalparks, Naturparks und Reservate
- Zoos
- Saumstrukturen an Flüssen, Wegen und Eisenbahnlinien sowie zwischen Ackerflächen
- städtische Parks und private Gärten

In Deutschland gibt es zurzeit vierzehn Nationalparks. Diese nehmen etwa 2 % der Fläche Deutschlands ein. Zieht man die Wasser- und Wattflächen ab, so verbleiben nur 0,44 % Landfläche. Leider werden jedoch auch in diesen verbleibenden Gebieten gelegentlich Ressourcen genutzt, wie z. B. genehmigte Holznutzungen im Thüringer Nationalpark Hainich, sowie die Erlaubnis zum Camping in den Dünen des Nationalparks Vorpommersche Boddenlandschaft. Ursula Diepolder, Leiterin des Büros für Regionalentwicklung in Hohenau und Trägerin des Lennart-Bernadotte-Preises für Landespflege, hat sich für das Aufzeigen solcher für die Schutzgebiete schädlichen Eingriffe verdient gemacht.

Besonders problematisch ist die Einhaltung von Schutzmaßnahmen in den verbleibenden Regenwäldern Südamerikas, Afrikas und Südostasiens. Wegen der großen Entfernungen zu den Städten, des Mangels an Aufsichtspersonal, der hauptsächlich durch Armut bzw. Korruption bedingten illegalen Tätigkeiten und wegen der Unmöglichkeit, belastende Satellitenbeobachtungen juristisch geltend zu machen, werden Übersicht und Kontrolle dort weitgehend verhindert.

Dennoch gibt es wegweisende Initiativen, wie etwa die von Thomas Lovejoy und Herbert Schubart in Brasilien. Sie organisierten eine strenge Kontrolle von isolierten, bis zu 10.000 Hektar großen Regenwaldgebieten über-Jahrzehnte. Weitere Initiativen sind aus Costa Rica bekannt, wie z. B. der Corcovado Nationalpark mit 42.000 Hektar Größe, dessen Bestand durch Tourismus finanziert wird, wobei allerdings die Aktivitäten der Touristen nicht unbedingt ein ökologischer Segen sind.

Ein anderer Fall ist ein «Geschenk des Krieges», und zwar die 250 km lange und 4 km breite Pufferzone zwischen Nord- und Südkorea. Alles deutet darauf hin, dass sich in dieser unbewohnten Gegend ein wahres Ökoparadies entwickelt hat. Die vom CNN-Gründer Ted Turner vorgetragene Initiative, dieses Gebiet von der UNESCO als Weltkulturerbe aufzunehmen, wurde 2012 durch Einspruch Nordkoreas vertagt. Die Zukunft dieses schützenswerten Gebiets ist also bislang ungewiss.

Und wie verhält es sich mit den Zoos? Es gibt auf der Welt etwa 1000 Zoos, die insgesamt circa einer Million Tieren eine Heimat bieten. In diesen Einrichtungen werden aber von ungefähr nur 2000

Arten durchschnittlich 500 Individuen jeder Art erhalten. Insekten sind durchaus dabei, und zwar in sogenannten Insektarien. Sie bilden jedoch eine klägliche Minderheit.

Einen bescheidenen Weg aus der schwierigen Lage bieten Saumbiotope. Das sind schmale Ökosysteme an Flussufern, Wegen, der Umgebung von Eisenbahnschienen sowie in sogenannten Feldsäumen (Hecken und Raine) am Rand von Feldern. Hecken zwischen Feldern haben eine bewegte Geschichte in Deutschland. Im Mittelalter dienten sie als lebende Zäune, um das Vieh von angrenzenden landwirtschaftlichen Flächen fernzuhalten. Außerdem gewann man aus ihnen durch nachhaltige Nutzung Brennholz, Laub für die Tierfütterung und Zweige zum Flechten. Ab dem 16. Jahrhundert wurde das Brennholz immer knapper, sodass die Hecken nach und nach verschwanden. Dies gipfelte darin, dass der preußische König Friedrich Wilhelm III. im Jahr 1805 ein Dekret zur Rodung solcher Hecken erließ, um die landwirtschaftlichen Erträge zu steigern.

Erst 1990 kam es aufgrund des allgemeinen Umweltbewusstseins zu einer Renaissance der Säume zwischen den Äckern. Man stellte fest, dass sie einen Lebensraum für Schmetterlinge und Nützlinge wie räuberische Laufkäfer, Spinnen, Schwebfliegen und Marienkäfer bieten. In Deutschland und in der Schweiz erhalten Landwirte in beschränktem Maß finanzielle Zuwendungen für das Anlegen von Feldsäumen, um Ernteeinbußen und Arbeitsaufwand auszugleichen. Untersuchungen zeigten, dass man die Effizienz dieser Säume noch steigern kann, indem man auf jeder Seite Pufferzonen in einer Breite von einigen Metern anlegt. Dort wird alles abgemäht oder organisch bewirtschaftet. Dadurch wird die Strömung von Insektiziden bzw. Herbiziden aus dem landwirtschaftlich genutzten Feld in den Saum vermindert. Eine alternative Pufferung wurde von der Biologischen Bundesanstalt für Land- und Forstwirtschaft in Brandenburg vorgeschlagen: Neben den Säumen sollten Äste, die beim Baumschnitt an

Straßen und Parkanlagen anfielen, aufeinandergeschichtet werden. Diese Maßnahme spart Kosten bei der Entsorgung der Äste und bietet weiteren Unterschlupf für Tiere. Es ist sinnvoll, wenn Feldsäume zusätzlich untereinander und mit anderen Biotopen verbunden werden, damit sich die Arten räumlich ausbreiten können und außerdem die Biodiversität erhöht wird.

Was die städtischen Parks und privaten Gärten angeht, so hat Josef Reichholf, Professor für Ökologie und Naturschutz an der Technischen Universität München, eine Tatsache festgestellt, die nachdenklich stimmt: «Die ungewöhnlichsten Befunde, die Hoffnung geben, stammen ausgerechnet von jenen Stellen, die das Ende der Natur sein sollten, von Großstädten. Wo immer sie genauer untersucht worden sind, erwiesen sie sich nicht nur als überraschend artenreich, sondern sogar als letzte Rettung für manche verfolgte Art.» Neben dem sparsamen Umgang mit Pestiziden kommt die geringere Düngung den städtischen Grünanlagen ökologisch zugute. Der Unterschied zwischen einem städtischen Park und einem landwirtschaftlichen Betrieb lässt sich ganz einfach erklären: Es ist nicht die Aufgabe der Landwirtschaft, Wildblumen und Schmetterlinge zu produzieren, sondern marktfähige Produkte. In ähnlicher Weise betrachten Förster die Wälder unter dem Gesichtspunkt des Holzertrags und nicht des Schutzes von Käfern. Die innerstädtischen Flächen dagegen sind befreit von solchen Zwängen. Ein Beispiel: Die Wollbiene *Anthidium manicatum* bevorzugt Lippenblütler, die häufig als Zierde in städtischen Gebieten gepflanzt werden. So wurde sie mit der Zeit zu einem sogenannten Kulturfolger. Paul Westrich hat in seinem Buch «Wildbienen – Die anderen Bienen» ausführlich beschrieben, welche Blumen in Gärten, auf Balkonen und Dächern gepflanzt werden können, um die Wildbienen zu unterstützen. Außerdem gibt Westrich Anweisungen zum Bau von Nisthilfen für unterschiedliche Wildbienen. Und abschließend noch ein Beispiel aus Nordamerika: Viele Einwohner stellen in ihren Gärten Seidenpflanzen der Gattung *Asclepias* für die zwischen Mexiko und den USA wandernden, herrlichen Monarchfalter bereit. Diese Seidenpflanzen sind darüber hinaus für eine beeindruckende Zahl anderer Insekten und Spinnentiere attraktiv, darunter Honigbienen, Hummeln, Zipfelfalter, Eulenfalter, verschiedene Grab- und Faltenwespen, Krabbenspinnen und Weberknechte.

## » Landwirtschaftliche Biodiversität

Zahlreiche Untersuchungen belegen, dass Biodiversität auf Ackerflächen – das heißt das harmonische Zusammenspiel unterschiedlicher Tier- und Pflanzenarten untereinander, ähnlich wie in der freien Natur – die Stabilität einer Nutzfläche gegenüber Störungen durch menschliche Einwirkungen oder Schädlinge erhöht.

Pflanzen können sich in ihren Funktionen gegenseitig ergänzen. So können größere Pflanzen Schatten für kleinere bieten, stickstofffixierende Pflanzen die anderen düngen oder Wurzeln, die nach unten wachsen, Platz für solche schaffen, die sich in der Breite ausdehnen. Landwirtschaftliche Biodiversität kann also durch unterschiedliche Bepflanzungen in unmittelbarer Nachbarschaft erreicht werden, die sogenannte Mischkultur. Viel zitiert hierzu sind die positiven Forschungsergebnisse über gemischte Weideflächen von David Tilman (University of Minnesota) und John Downing (Université de Montréal, Kanada). Im Allgemeinem ist es allerdings leichter, landwirtschaftliche Biodiversität dadurch zu erreichen, dass man die Flächen für die einzelnen Pflanzenarten nicht zu groß anlegt und unterschiedliche Pflanzen in benachbarte Flächen pflanzt. Solche Maßnahmen erforschte die Gruppe um Regula Billeter (ETH Zürich) in einer Studie über 25 jeweils 16 Quadratkilometer große Gebiete, die in unterschiedlich bepflanzte Agrarflächen unterteilt wurden.

Diese Teilgebiete waren ungefähr zwischen 100 und 10.000 Quadratmeter groß und erlaubten in großem Umfang die Besiedlung durch Nützlinge. Die 25 Gebiete lagen in sieben europäischen Ländern mit unterschiedlichen Wetter- und Bodenbedingungen. Untersucht wurde die Häufigkeit von Bienen sowie von schädlingsbekämpfenden Wanzen, Schwebfliegen, Spinnen und Laufkäfern. Die Gruppe fand eine eindeutige Zunahme dieser Nützlinge bei zunehmender Diversität der benachbarten Agrarflächen, denn jeder Nützling konnte sich so in seinem angemessenen Biotop entwickeln und in geeigneten Zeitabschnitten auch andere Biotope besiedeln.

## » Vergleich der organischen mit der konventionellen Landwirtschaft

Zur organischen Landwirtschaft gehört es, dass auf den Einsatz von chemischen Pestiziden verzichtet wird und Schädlinge stattdessen biologisch bekämpft werden. Außerdem soll das Unkraut mechanisch oder biologisch entfernt werden, anstatt es mit Herbiziden auszurotten. Die Minimierung der Bodenbearbeitung und damit die Verringerung der Schädigung von Bodenfauna und -flora, das Anlegen von Feldsaumbiotopen, die Gründüngung, die Wechselbepflanzung sowie die Vergrößerung der Biodiversität durch das Anlegen von Mischkulturen oder kleinen benachbarten Ackerflächen mit unterschiedlichen Pflanzen gehören ebenfalls dazu. Die EU subventioniert die organische Landwirtschaft in zunehmendem Maß. Und die Produktion von ökologisch angebauten Lebensmitteln stellt eine Wachstumsbranche dar. So wuchsen die Umsätze organischer Produkte in der EU von 1993 bis 1999 um 30–50 % pro Jahr.

Darüber hinaus zeigten zusammenfassende Literaturübersichten von über 117 Studien (Jane Bengtsson und Mitarbeiter, Uppsala,

Schweden, 2005) und von weiteren 76 Studien (Gruppe um David Hole in Großbritannien, 2005) deutlich größere Artenzahlen (durchschnittlich 30 % mehr) und höhere Populationen von Schmetterlingen, Spinnen, Wanzen, Ameisen und Käfern in organisch geführten Ackerländern verglichen mit denen in konventionell geführten Betrieben. Zugleich beobachtete man eine Abnahme von Schädlingen. Dafür gibt es eine mögliche Erklärung: Die günstigeren biologischen Bedingungen der organischen Landwirtschaft fördern zunächst die Vermehrung sowohl von Nützlingen wie auch von Schädlingen. Diese Situation ist aber begrüßenswert instabil, da die räuberischen Nützlinge, z. B. die Laufkäfer, die Schädlinge stärker dezimieren als umgekehrt. Durch diesen Vorteil vermehren sich die Nützlinge rascher als die Schädlinge und setzen sich deshalb auf Dauer durch. Auch bei den Schmetterlingen beobachtet man mehr unschädliche als schädliche Arten in organisch geführten Betrieben. Der Grund dafür ist, dass die unschädlichen Schmetterlinge deshalb unschädlich sind, weil sie Saumbiotope und benachbarte Weidewiesen bevorzugen. Dort können sie sich besser vermehren, denn diese Biotope sind besser vor menschlichen Eingriffen geschützt.

## » Kontrolle des Stickstoffgehalts der Böden

Besonders gefährlich für die Tierwelt ist die Ausbreitung von Düngemitteln in Gebiete, die nicht gedüngt werden sollen. Eine Ursache dafür kann eine übermäßige Düngung von landwirtschaftlich genutzten Gebieten sein, die meistens dadurch zustande kommt, dass die Düngemittel dort nicht zur rechten Zeit oder im richtigen Umfang ausgebracht werden. In solchen Fällen kommt es vor, dass die Düngemittel mehr Nährstoffe enthalten, als die Pflanzen benötigen. Die übermäßigen Düngestoffe werden hauptsächlich im Grundwasser infolge von Regen oder, im Falle von dem entstehenden Ammoniak, durch Verdunstung aus den landwirtschaftlichen Flächen wegtransportiert. Sie erreichen dann Lebensräume der Insekten und ihren Verwandten und töten sie. Eine fortlaufende Überwachung des pflanzenverwertbaren Stickstoffs im Boden würde eine bedarfsgerechte Düngemitteldosierung ermöglichen. Dies würde dann die Schäden mindern.

## » Geldspritzen

Auf der 11. Internationalen UNO-Konferenz über Biodiversität im Oktober 2012 in Hyderabad, Indien, wurde beschlossen, die jährlichen Hilfsgelder der UNO für Entwicklungsländer zum Zweck des Anlegens von Schutzgebieten von 2012 bis mindestens 2020 auf 10 Milliarden Dollar zu erhöhen, was einer Verdopplung des heutigen Betrags entspricht. Doch leider wären laut Berechnungen des WWF jährlich 200 Milliarden $ nötig.

In einigen Ländern Europas experimentiert man zurzeit mit staatlich finanzierten Ökopunktsystemen. Dabei sammeln Landwirte Punkte aufgrund von ökologischen Maßnahmen, wie etwa dem Anlegen eines Feuchtbiotops oder der Anwendung von biologischer Schädlingsbekämpfung. Nach Ablauf eines Jahres wird die zur Verfügung stehende Geldsumme durch die Gesamtzahl der Punkte aller Landwirte geteilt und jeder der Beteiligten wird entsprechend seiner Punktzahl honoriert.

## » Schutz der Regenwälder

Neben dem Tourismus, der z. B. in Costa Rica Einnahmen zugunsten der ökologischen Stabilisierung ermöglichte, kann für den Erhalt der Regenwälder eine Bewirtschaftung, die nicht zur Holzgewinnung oder zur Entwaldung zwecks Nutzung des Bodens bestimmt ist, eine weitere Möglichkeit sein. Dass solche Bewirtschaftungen wirklich effizient sein können, zeigt eine Untersuchung im Nordosten Perus durch eine Gruppe von US-Amerikanern um Robert Mendelsohn. Sie ergab 1989, dass dort ein Hektar Regenwald 422 $ pro Jahr für den Verkauf von Kautschuk und Früchten liefert. Zum Vergleich liefert Viehwirtschaft in einem zerstörten Wald nur rund 150 $ pro Hektar und Jahr. Eine ähnliche Untersuchung in Ecuador im Jahr 1994 ergab 146 $ pro Jahr und Hektar für den Verkauf von medizinisch wirksamer und nachwachsender Rinde sowie von Früchten. Bei Untersuchungen anderer Gebiete erhielt man damalig Renditen von bis zu 420 $ pro Jahr und Hektar. Dabei berücksichtigte man eine Unzahl von Produkten, wie etwa *Chambira*, eine Blattfaser, die der Herstellung von besonders starken Seilen dient, oder etwa Paranüsse. Letztere erzielen zurzeit in den USA einen jährlichen Umsatz von über 300 Millionen $, wobei sich der Markt in den USA und im Rest der Welt noch in den Anfängen einer potenziellen Entwicklung befindet.

Andere Ansätze, um gegen Abholzung und Brandrodungen vorzugehen, lägen in den Händen von Politikern oder von engagierten Menschen in diversen Institutionen, die sich um den Erhalt der «Lungen unserer Erde» bemühen und die man im Internet finden kann.

## » Ausblick

In diesem Buch bin ich u. a. auf den Nutzen von Insekten und ihren Verwandten, den Spinnen und Krebsen, eingegangen. Nutzen bedeutet in vielen Fällen auch wirtschaftlicher Nutzen – für die Entwicklung neuer Techniken oder für die unterschiedlichsten Möglichkeiten, diese Tiere in der Medizin oder der Schädlingsbekämpfung einzusetzen. Dieser handfeste Nutzen ist aber nur ein Grund dafür, warum es unbedingt notwendig ist, sich für den Schutz der Insekten einzusetzen. Jenseits von Schaden und Nutzen gehören Insekten zu den ästhetischsten und faszinierendsten Wesen dieser Erde. Paul Ehrlich, Nobelpreisträger für Medizin, schrieb im Jahr 1992 in einem Artikel: «Jede Insektenart ist, wie der große französische Anthropologe Claude Lévi-Strauss bemerkte, ein unersetzlicher Schatz, gleich den Werken der Kunst, die wie in religiöser Art und Weise in Museen aufbewahrt werden. Jede von ihnen lässt wertvolle Kunstwerke in ihrem Reiz und ihrer Komplexität klein erscheinen, doch die Menschheit rottet sie ohne Skrupel aus.» Fundgruben ästhetisch anregender Beschreibungen von Insekten schenkten uns u. a. auch der Evolutionsforscher Alfred Russel Wallace in seinem Klassiker «Der Malayische Archipel», der Dichter Friedrich Schnack in dem Buch «Kavalier der Blumen» und der Philosoph und Insektenkundler Ernst Jünger in «Subtile Jagden». Neben dem Nutzen vieler Arten und ihrer Schönheit gibt es noch einen weiteren wichtigen Grund, sich Sorgen um ihr Überleben zu machen: die Biodiversität. Damit ist allerdings nicht die Anhäufung von Arten wie in einem Zoo gemeint, sondern das Vorhandensein von Gefügen aus miteinander vernetzten Arten. In solchen Gefügen sind einzelne Lebewesen nicht nur als Individuen wichtig, sondern auch aufgrund der Wechselwirkungen mit anderen Arten ihrer Lebensgemeinschaft – letztendlich also auch mit uns.

Es ist offensichtlich, dass wir es in einem Lebensraum mit einem komplexen «Kartenhaus» zu tun haben. Wir stehen vor der schwierigen Aufgabe, sowohl einzelne Arten wie auch ganze Ökosysteme mit teilweise noch unbekannten Arten und Zusammenhängen zu schützen. Doch dazu braucht es nicht nur einen großen wirtschaftlichen Einsatz und ein Umdenken, sondern auch gut ausgebildete Spezialisten. Tatsache ist aber, dass, während an Universitäten und anderen Forschungseinrichtungen die Sparten Molekularbiologie, Zellphysiologie und Neurobiologie expandieren, Forschung und Lehre in Ökologie und Systematik biologischer Systeme rückläufig sind. Zwischen 1985 und 1990 hatten nur 15 % der Dissertationen in den alten Bundesländern etwas mit Ökologie und nur 3 % mit Systematik biologischer Systeme zu tun. Horst Kurt Schminke von der Universität Oldenburg formulierte es so: «Mit dem Regenwald verschwinden täglich mehrere Hundert Tierarten. Die Experten, die sie registrieren und erforschen könnten, sind bereits vor ihnen ausgestorben.» Er fordert mehr Professuren bzw. Arbeitsgruppen auf diesem Gebiet und den Aufbau zentraler Datenbanken. Da wir aber «in einem Boot» mit den anderen Lebewesen sitzen, ist es notwendig, sie und die Vernetzung zwischen ihnen und mit uns zu kennen.

Intensivierung der Forschung, der Öffentlichkeitsarbeit und des politischen Handelns sind im ökologischen Kontext notwendig, um ein realistisches Gleichgewicht zwischen ökonomischen Vorteilen und einen biologisch gesunden Planeten zu finden. Dabei geht es nicht nur um den Erhalt von teilweise wunderschönen Geschöpfen, sondern auch um unseren Wohlstand, vielleicht sogar um unser Überleben. Man bedenke, wie wichtig die durch die Insekten geleistete Bestäubung der Nutzpflanzen ist oder die Entsorgung von Fäkalien und sonstiger toter Materie. Ohne Insekten müssten wir auf viele Naturprodukte, wie etwa Obst oder Raps, verzichten und würden in natürlichem Müll ersticken. Andere Auswirkungen auf unser Leben, wie zum Beispiel das Aussterben von für uns wichtigen Ökosystemen, in denen Insekten und ihre Verwandten zu den untersten Gliedern der Nahrungskette gehören, werden sich uns möglicherweise erst erschließen, wenn es zu spät ist, wenn der von Rachel Carsons prophezeite «Stumme Frühling» tatsächlich kommt.

TEIL 5

# Anhang

# Unser Autor im Gespräch

MONIKA WEYMANN: **Herr Markus, Sie sind in Chile geboren. Was führte Sie nach Deutschland?**

MARIO MARKUS: Ich kam nach dem Abitur, um in Heidelberg Physik zu studieren.

MW: **Physik? Warum dann das Interesse an Insekten?**

MM: Wissen Sie, seit meiner Kindheit fühlte ich mich von «Fenstern» umgeben. Ich hatte immer den Eindruck, dass die meisten Menschen sie nicht öffnen. Sie ersticken lieber in ihrem Geistesmief. Ich war aber immer neugierig, was hinter diesen Fenstern ist.

MW: **Meinen Sie, die Insekten waren ein solches Fenster?**

MM: Genau. In meinem Garten in Chile experimentierte ich stunden-, wochen-, jahrelang mit Ameisen. Auch die Metamorphose der Schmetterlinge zog mich in ihren Bann. Und die pfiffigen Spinnen waren meine Freunde.

MW: **Gab es noch andere Fenster?**

MM: Oh ja. Mit fünfzehn baute ich mir ein Teleskop – schliff den Spiegel mit den eigenen Händen. Das ganze Haus wurde zu eine Mischung aus Observatorium, Museum und Zoo. Später, nach der Promotion, forschte ich am Max-Planck-Institut über Biophysik, Biochemie, Physikalische Chemie und Ökologie. Wie besessen eignete ich mir Wissen an, um neue Fenster zu öffnen. Googeln sie mich doch mal, um meine Arbeiten zu sehen.

**MW: Habe ich schon getan. Und ich sah, dass Sie auch Gedichte schreiben.**

**MM:** Ja, ich habe Lyrik veröffentlicht, zum Beispiel Gedichte über alle chemischen Elemente. Ich wollte eben auch das Fenster zu den Geisteswissenschaften öffnen. Ebenso mit meinen Computerbildern – mathematische Formeln als Pinsel, sozusagen.

**MW: Ich habe in Wikipedia gesehen, dass Sie Preise dafür bekommen haben. Doch warum schreiben Sie erst jetzt ein Buch über Insekten, wo Sie doch schon als Kind von ihnen begeistert waren?**

**MM:** Weil ich erst jetzt tiefen Schmerz empfinde, wenn ich feststelle, dass sie kaum noch da sind. Sogar in meinem Garten in Chile sind sie verschwunden. Und auch in sogenannten Naturschutzparks, hüben und drüben. Am meisten kränkt mich aber, dass dies meinen Bekannten egal ist. Sie können außerdem nicht einen Hirschkäfer von einer Kakerlake unterscheiden. Sie freuen sich, wenn ihnen kein Insekt über den Weg läuft, ohne zu wissen, dass sie das Fenster zu einer Wunderwelt verschlossen halten. Vielleicht hilft dieses Buch.

**MW: Befürchten Sie nicht, dass das Buch als Plädoyer für eine Rückkehr in Zeiten der Heuschreckenschwärme, Maikäferplagen und Kartoffelkäferinvasionen verstanden werden könnte? Schließlich entstanden damals massive landwirtschaftliche und gesundheitliche Schäden durch Insekten.**

**MM:** Nein, das befürchte ich nicht. Denn es geht nicht darum, dass man aufhören sollte, Schädlinge zu bekämpfen. Es geht darum, dass man Methoden benutzen kann, die die Schädlinge vernichten und dabei die vielen anderen äußerst nützlichen und teilweise wunderschönen Tiere verschonen. Man benutzt zum Beispiel bestimmte Viren, Pheromone und hormonelle Hemmstoffe. Die Anwendung dieser Methoden erfordert Aufklärung, und auch diese soll Aufgabe meines Buchs sein.

# Register


**A**askäfer 154
*Adelges piceae* 192
*Aeshna viridis* 83
*Agaonidae* 135
*Aglais urticae* 188
*Agrotehreutes* 190
*Allotinus unicolor* 101
*Alpheidae* 24, 95
*Amata phegea* 77, 169
*Amaurobius ferox* 124
Amazonenameise 147
Ambrosiakäfer 103, 104
*Ambrosiella* 103
Ameise 35, 42, 78, 99, 101f., 118f., 143, 146f., 164, 173, 192
Ameisenjungfer 130
Ameisenlöwe 68, 130f.
*Ameletus ludens* 127
*Amphotis marginata* 100
*Anasteochus melanohalteris* 80
*Ancylometes bogotensis* 16
*Andrena morio* 69, 115
*Andricus gallae tinctoriae* 33
*Anechura harmandi* 124
*Anopheles*-Mücke 39, 213
*Anoplotermes* 139
*Anthene emulus* 101
*Anthidium manicatum* 225
*Anthidium*-Wildbienen 69
*Antophora aestivalis* 83
*Apanteles glomeratus* 212
*Apis cerana* 72, 137
*Apis cerana indica* 62
*Apis mellifera* 72, 137
*Apis mellifera carnica* 62
Apollofalter 70, 118
*Arctia villica* 76
*Arctiinae* 76, 167
*Argyroneta aquatica* 15
*Artemia salina* 159
*Arthropleura* 155
*Asaphus raniceps* 177
*Astata boops* 93
*Atemeles*-Käfer 99
*Atemeles pubicollis* 99
*Atta colombica* 174
Augsburger Bär 76
*Automeris* 119, 120

***B**actrocera dorsalis* 218
Bärenspinner 76, 167
Bärtierchen 75, 160
Baumwollkapselbohrer 219
*Bembix rostrata* 80
Bergahornkäfer 172
*Bertholdia trigona* 168
Biene 62, 81, 97, 114, 116, 119, 124f., 129, 136ff., 182
*Birgus latro* 93
Birkenspanner 75, 161
*Biston betularia* 75, 161
Blattlaus 101, 120, 163
Blattschneiderameise 94
Blauflügel-Prachtlibelle 93
Bläuling 67, 100f., 114
Blütengrille 176
Bombardierkäfer 73, 151f.
*Bombus terrestris* 103, 118
Borkenkäfer 104, 181, 216
*Boyeria Irene* 102
*Brachininae* 152
*Brachinus crepitans* 73, 152
Brasilianischer Riesenläufer 74
Buckelfliege 78, 173

***C**acicus cela* 72
*Calopteryx virgo* 93
*Calosoma sycophanta* 83
*Camponotus* 139
*Camponotus gigas* 78

*Caprella bathytatos* 75
*Carparachne aureoflava* 178
*Caryedes* 166
*Caryedes brasiliensis* 165
*Cassida rubiginosa* 172
*Cassidinae* 171
*Cataglyphis* 17, 18
*Cecropia* 190f.
*Cerura erminea* 85
*Chamaesphecia leucopsiformis* 82
Chamäleon-Spinne 68, 102
*Chapulines* 52
*Choeradodis* 132
*Chrysobothris affinis* 88
*Cicindela dorsalis* 178
*Clerus mutilarius* 86
*Clunio marinus* 126
Cochenille-Laus 21
Cookstraßen-Riesenweta 91
*Copris lunaris* 65
*Crematogaster* 143, 174
*Cucullia artemisiae* 87
*Cupido osiris* 91
*Cupiennius salei* 179
*Cycnia tenera* 167
*Cygnia* 168
*Cygnia tenera* 168
*Cypriacis splendens* 92
*Cyzicus tetracerus* 89

*Dactylopius ceylonicus* 220
*Dactylopius coccus* 21, 96
*Danaus plexippus* 133, 169
*Decapoda* 132
Deckelschildlaus 220
*Deilephila elpenor* 187
*Deilephila porcellus* 82, 187
*Deinacrida rugosa* 91
*Desoria saltans* 180
*Diaea ergandros* 123
*Diaphora mendica* 76
*Diaprepes abbreviatus* 69, 113
*Dibrachys* 190
*Dimmockia* 190f.
*Diopsidae* 141
*Dirphia* 119f.
*Drosophila* 145
*Drosophila melonogaster* 30
Dünenspringspinne 89
Dunkle Erdhummel 103, 118

Eichen-Buntkäfer 86
Eichen-Zackenrandspinner 79
Einstundenmücke 126
Eintagsfliege 71, 126, 155
*Empis* 106
*Empis opaca* 106
*Ennomos quercaria* 79
*Entomophthorales* 219
*Ephoron shigae* 126
Erdbeereule 90
*Eresus kollari* 71, 124
*Eriogaster catax* 85
*Escamoles* 52
*Eucarsia formosa* 212
*Euchaetes* egle 168
*Eufriesea purpurata* 71, 125
*Euglossini* 115
Eulenfalter 218
*Euoniticellus intermedius* 48
*Eupithecia irriguata* 84
*Euryplatea manaknihali* 173
*Eurypterida* 155
*Eurythyrea quercus* 92

Fabelhafte Grüne Sphinx-Motte 92
Fächerkäfer 92
Falter 134
Feldbeifuß-Mönch 87
Feuerwanze 46
Finsterspinne 124
Fledermaus 167
Fliege 58, 129, 154, 173
Floh 142f., 162f., 180

Flötenakazie 143
*Formica* 99f., 147f.
Fruchtfliege 145, 218

**G**allwespe 33
Garnele 157f.
*Gastropacha populifolia* 84
Gattung Aedes 213
Gegürtelter Springschwanz 73
Geisterlibelle 102
Gelbfieber 213
*Gerris* 70, 116
*Gerris marginatus* 67
Gespensterschrecke 27, 131
*Gigantocypris* 26
*Gigantocypris muelleri* 95
Glanzkäfer 100
*Glaucopsyche xerces* 84
Gletscherfloh 180
*Globitermes* 139
*Glossotermes* 139
Glückswidderchen 87
Glühwürmchen 34, 111
Goldfliege 37
Goldgruben-Prachtkäfer 88
Goldradspinne 178
Goliath-Vogelspinne 53
*Gomphus vulgatissimus* 87
*Gonimbrasia belina* 52
Gottesanbeterin 122, 132
Grabwespe 93
*Graminella nigrifrons* 60, 66
*Graphoderus bilineatus* 88
Grashüpfer 52
Graubär 76
Grille 67, 108, 141
*Gromphadorhina*-Kakerlake 30
*Gromphadorhina* portentosa 30
Große Wasserwanze 53
Großer Bombardierkäfer 152
Großer Feuerfalter 83
Großer Leuchtkäfer 94
Großer Puppenräuper 83
Großkopfameise 192
Grüne Mosaikjungfer 83
*Gryllotalpa gryllotalpa* 87
*Gyllotalpa vinae* 176
*Gymnopholus* 131
*Gymnopleurus laevicollis* 49
*Gynaephora groendlandica* 78
*Gynaephora groenlandica* 181

***H**abrobracon juglandis* 30
*Hapithus agitator* 67, 108
Hecken-Wollafter 85
Heiliger Käfer 47
*Helaeomyia petrolei* 139
*Heliconius* 113, 168
*Heliconius erato* 70, 114
*Helicoverpa zea* 219
Heller Eichen-Blütenspanner 84
*Helomyza modesta* 58
*Hemiceratoides hieroglyphica* 136
*Hemisphaerota cyanea* 78, 171
*Heriaeus hirtus* 81
Heuschrecke 149, 175
*Hilara sartor* 127
Hirschkäfer 81
Holzbiene 71, 119
Honigbiene 64, 72, 103, 137f.
Hornisse 115, 137
Hummel 22f., 78
Hummel-Waldschwebfliege 78
Hundertfüßer 154
*Hyalophora* 190
*Hyalophora cecropia* 190
*Hylesia* 119, 120
*Hyphomycetes* 219
*Hyposoter exiguae* 218

***I**cerya purchasi* 211
*Inachis io* 188
*Ips acuminatus* 181
*Isotoma negishina* 58

**J**agdspinne 179
*Jalmenus evagoras* 114
Japankäfer 112

*Kawanaphila nartee* 110
Keiljungfer 87
*Kermes vermilio* 21
*Kerria lacca* 20, 21
*Kheper aegyptiorum* 49
*Kheper platynotus* 49
Kiefernprachtkäfer 11
Kleiner Alpenbläuling 91
Kleiner Fuchs 188
Kleiner Leuchtkäfer 94
Kleiner Postbote 70
Kleiner Weinschwärmer 82, 187
Knallkrebs 24, 95
Köcherfliege 154
Kohlweißling 118
Krabbenspinne 81, 86, 102, 123
Kreiselwespe 80
Krill 22
Kurzflügelkäfer 117, 172

Lackschildlaus 20
*Lamprohiza splendidula* 94
*Lampyris noctiluca* 94
*Larra bicolor* 93
*Lasioglossum gotham* 136
*Lasius niger* 101
*Laspeyresia saltitans* 28
*Latrodectus mactans* 66
Laubheuschrecke 109f., 175
Laufkäfer 154, 181
*Leistotrophus versicolor* 117
*Leptodiaptomus minutus* 144
*Lethocerus indicus* 53
Leuchtkäfer 94, 111
*Linepithema humile* 146, 192
Loihi-Garnele 157
*Lonomia* 119f.
*Lucanus cervus* 81
*Lucidota atra* 112
*Lucilia sericata* 37
*Lycaena dispar* 83
*Lygaeus equestris* 77
*Lymantria dispar* 90, 219
*Lymantria monacha* 219
*Lytta vesicatoria* 72, 129

*Macrosiagon tricuspidatum* 92
*Maculinea teleius* 101
Madagaskar-Fauchschabe 30
*Magicicada* 66
*Magicicada cassini* 50
*Magicicada septendecim* 50
Maiszünsler 221
*Mantispa styriaca* 86
*Mantophasmatodea* 74, 153
*Mastrus* 190
Maulwurfsgrille 87, 212
*Mecynorrhina torquata* 30
*Megachile parietina* 80
*Meganeuropsis permiana* 74, 155
Mehlkäfer 30, 113
*Melanophila acuminata* 11
*Meloe coriarus* 85
*Meloe hungarus* 85
*Mesobuthus eupeus* 57
Mexikanischer Kaviar 52
*Micromalthus debilis* 124
*Misumena vatia* 68, 102
Mittlerer Weinschwärmer 187
Mohnbiene 79
Monarchfalter 133, 169
Mondhornkäfer 65
*Monomorium pharaonis* 211
Motte 78, 136, 161, 167f., 181
Mücke 145, 213
*Musca vicina* 58
*Myrmeleontidae* 130
*Myrmica* 100

Nachtfalter 17, 52, 190, 217
*Nannosquilla decemspinosa* 177f.
Nashornkäfer 141
Nebeltrinker-Käfer 76
*Necrophorus* 67, 106
*Neochlamisus platani* 172
*Neosadocus* 132
*Neozygites fresenii* 219

*Nephila maculata* 15, 77
*Nephila pilipes* 13
*Nephilengys malabarensis* 108
Neuwelt-Schraubenwurmfliege 39
*Nipponaphis monzeni* 163

*Oecanthus burmeisteri* 176
*Oecanthus*-Grille 176
*Oecanthus* pellucens 107
*Oecophylla smaragdina* 42, 101, 211
Ohrwurm 124
Ölkäfer 128f.
*Onthophagus gazella* 48
*Ontophagus taurus* 65
*Onymacris unguicularis* 76
*Ophrys incubacea* 69
*Orbona fragariae* 90
*Orchesella cincta* 73, 144
Orchideenbiene 71, 125
*Orocharis saltator* 108
*Osmia bicolor* 81
*Osmia papaveris* 79

*Palaeodictyoptera* 155
*Palingenia longicauda* 71, 126
Palmendieb 93
*Panarthropoda* 160
*Pantorhytes* 131
*Papilionidae* 136
Pappelglucke 84
*Papyrus* 65
*Parnassius apollo* 70, 118
*Paruroctonus mesaensis* 179
*Pentophera morio* 89
*Pericallia matronula* 76
*Periphanes delphinii* 84
*Periplaneta americana* 30
Petroleumfliege 139
Pfauenspinner 119
Pharaoameise 211
*Phasmatodea* 131
*Pheidole megacephala* 192
*Philaenus spumarius* 73, 142
*Philornis* 129
*Philornis*-Fliege 130
*Phoridae* 173f.
*Photuris* 112
*Phylliinae* 131
*Phytoseiulus persimilis* 212
*Pieridae* 136
*Pieris brassicae* 118
*Pilemostosa fastuosa* 89
*Piophila casei* 52
*Pistius truncatus* 86
*Pleuroptya ruralis* 178
Pochkäfer 73, 151
*Polyergus* 147f.
*Polyergus rufescens* 147
*Polyommatus bellargus* 67
*Polypedilum vanderplanki* 160
*Popillia japonica* 69, 112
*Porphyrophora apolonica* 21
Prachtbiene 115
Prachtkäfer 92
*Pristomyrmex pungens* 118
*Proteus anguinus* 154
*Protopolybia* 129
Prozessionsspinner 82
Pseudoskorpion 77, 166
*Pterophylla camellifolia* 175
*Pterostichus brevicornis* 181
*Ptinus* fur 58
*Pyrrhocoris apterus* 46

*Quadrartus yoshinomiyai* 120

Radnetzspinne 13, 108
*Rattus rattus* 163
Raubmilbe 212
Raupenfliege 190
*Rhynchites auratus* 149
*Rhynchites bacchus* 88
Riesen-Fingerkäfer 42
Riesenlibelle 155
*Rimicaris hybisae* 158
Ritterfalter 136
Rittersporn-Sonneneule 84
Ritterwanze 77

Röhrenspinne 123f.
Rosenkäfer 30
Rote Feuerameise 192
Rote Röhrenspinne 71
Ruderfußkrebs 144
*Ruptitermes* 139
Rüsselkäfer 113, 131, 149, 154

**S**amenkäfer 165f.
Sandbiene 69, 115
Sandskorpion 179
*Sarracenia purpurea* 145
*Saturniidae* 119
*Scapteriscus vicinus* 212
*Scarites pyraomon* 42
Schabe 30, 154
Schalentier 177
Schaumzikade 143
Schildkäfer 78, 89, 171f.
Schildlaus 20, 96
Schlauchpflanze 145
Schwammspinner 90, 217, 219
Schwarze Mörtelbiene 80
Schwarze Ratte 163
Schwarzer Bär 76
Schwarze Witwe 40, 66, 107
*Sciaridae* 220
*Scolopendra gigantea* 74, 154
*Scorpio maurus* 57
Seeskorpion 155
Seidenraupe 66
*Selenia lunularia* 91
*Serritermes* 139
Silberbläuling 101
Silberfleck-Zahnspinner 86
Skarabäus 65
Skelett-Krabbe 75
Skorpion 118
*Solenopsis invicta* 192
Sommerpelzbiene 83
Spanische Fliege 72, 128f.
*Spatalia argentina* 86
Spätsommer-Wolfsmilch-Glasflüger 82
Spinne 118, 123
*Spodoptera exigua* 218
Springschrecke 154
Springschwanz 58, 144, 154, 180
Stabheuschrecke 131
Stablaus 151
Stabschrecke 27f.
*Stegodyphus lineatus* 123
Steirischer Fanghaft 86
*Stelopolybia* 129
*Stenus* 172
Stielaugenfliege 141
Südliche Glanz-Krabbenspinne 88
*Synalpheus regalis* 25
*Synema globosum* 88
*Syntomeida epilais* 168

**T**agpfauenauges 188
Tannenstammlaus 192
Tanzfliege 127
*Tardigrada* 75, 160
Tauchkäfer 88
Taufliege 30
Taumelkäfer 98
Tausendfüßer 155
*Temnothorax unifasciatus* 102
Termiten 19, 96, 121, 138f. 149
*Thamnotrizon apterus* 175
*Thaumetopoea pityocampa* 82
*Theraphosa blondi* 53
*Thomisus onustus* 68, 102
*Tidarren argo* 118
Tigerkäfer 178
*Tinostoma smaragditis* 92
Totengräberkäfer 67
*Toxorhynchites* 213
Trauermücke 220
Trauerspinner 89
*Trialeurodes vaporariorum* 212
*Tribolium castaneum* 113
*Tribolium confusum* 30
*Trichogramma* 213
*Trilobiten* 177
*Trogium pulsatorium* 151

Uraniafalter 90
*Urania sloanus* 90
Urlibelle 74
Urzeitkrebs 89

*Vaejovis punctatus* 118
Veränderliches Widderchen 77, 169
*Vespa bicolor* 115
*Vespa mandarinia* 72, 137
*Vespula germanica* 116
Violetter Apfelfruchtstecher 88
*Volucella bombylans* 78

Waldschädling 219
Wasserbär 160
Wasserjagdspinne 16
Wasserläufer 67, 70, 116
Wasserspinne 15
Weberameise 42, 211
Weberknecht 132
Weinhähnchen 107
Weiße Fliege 212
Weißer Gabelschwanz 85
Weißfleck-Widderchen 77, 169
Weißling 136
Wespe 30, 32, 45, 93, 114, 116, 119, 129, 135, 190, 212, 218
Wiesenschaumzikade 73, 142
Wildbiene 110, 114f.
Winthemia 190
Wollbiene 225
Wollsackschildlaus 211
Wollschweber 80
*Wyeomyia smithii* 145

*Xenopsylla cheopis* 163
Xerces blau 84
*Xestobium rufovillosum* 73, 151
*Xyleborinus saxeseni* 104

*Xylocopa pubescens* 71, 119
*Xylotrupes gideon* 141

*Yllenus arenarius* 89

*Zaprochilinae* 110
Zehnfußkrebs 132, 157
Zikade 50, 142
Zuckmücke 159
Zweistreifiger Mondfleckspanner 91
Zwergzikade 60, 66
*Zygaena ephialtes* 77, 169
*Zygaena fausta* 87

# Bildnachweis

## Karten:

Karte Deutschland, *Euphydryas maturna*:
M. Binot-Hafke, H. Gruttke, G. Ludwig und U. Riecken (Bearb.) Schriftenreihe für Landschafts-pflege und Naturschutz, Heft 65, Bundesamt für Naturschutz (2000)

a) Lichtfang Aigen I, b) Rückgang der Weinschwärmer am unterem Inn,
c) Abnahme von Pfauenauge und Kleiner Fuchs:
J.H. Reichholf, «Die Zukunft der Arten», DTV, München, 2009

Rückgang der tropischen Wälder in Ecuador:
Nachgedruckt mit Erlaubnis des Herausgebers von "The Diversity of Life" von Edward O. Wilson, S. 265, Cambridge, Mass.: The Belknap Press of Harvard University Press, Copyright 1992 von Edward O. Wilson.

Rückgang der tropischen Wälder und Wiederaufforstung in Costa Rica:
EOSL/CCT/FONAFIFO, GRID-Arendal,
http://www.grida.no/graphicslib/detail/change-forest-cover-costa-rica_11db

Rückgang der tropischen Wälder in Borneo: UNEP/GRID-Arendal,
http://www.grida.no/graphicslib/detail/extent-of-deforestation-in-borneo-1950-2005-and-projection-towards-2020_119c

## Farbfotos im Bildteil:

[1] » **Heiliger Käfer, Papyrus**: Aus Richard H. Wilkinson, *The Complete Gods and Goddesses of Ancient Egypt* (Thames and Hudson, London, 2003), links
» **Heiliger Käfer, Amulett**: erworben von Henry Walters, 1930, rechts oben
» **Heiliger Käfer, Denkmal**: Aiwok, Wikimedia commons, rechts unten
[2] » ***Ontophagus taurus***: © Getty images
[3] » ***Copris lunaris***: Thorsten Stegmann
[4] » ***Latrodectus mactans***: Chuck Evans (Mcevan, Wikimedia commons)
[5] » ***Magicicada***: K. Fontaine, J. Cooley, C. Simon, PloS One 2007, 2(9), e892, 1-8
[6] » **Seidenraupen-Puppen (Mahlzeit)**: Meniscus, Wikimedia commons
[7] » ***Graminella nigrifrons***: Daniel Thombs
[8] » ***Necrophorus***: Udo Schmidt (Flickr & Wikimedia commons)
[9] » ***Gerris marginatus***: Trisha Shears, Wikimedia commons
[10] » ***Polyommatus bellargus***: Michal Koupý
[11] » ***Hapithus agitator***: Alan Cressler
[12] » ***Mitsumena vatia*** (weiß): Quartl, Wikimedia commons, links oben
» ***Mitsumena vatia*** (gelb mit Fliege): MickaëlG, Wikimedia commons, rechts

» *Thomisus onustus*: R. Altenkamp, Berlin (Accipiter, Wikimedia commons), links unten

[13] » **Ameisenlöwe-Larve**: Fritz Geller-Grimm (Dysmachus, Wikimedia commons), links oben

» **Ameisenlöwe-Trichter**: Mark Ferry, links unten

» **Ameisenlöwe-Imago**: Taner Yildirim (Thinkstock), rechts

[14] » ***Anthidium*-Wildbienen**: Jerry Friedman

[15] » ***Popillia japonica***: John Kaminski

[16] » ***Diaprepes abbreviatus***: Andres Moline

[17] » ***Andrena morio***: Nicolas J. Vereecken, Brüssel

[18] » ***Heliconius erato* mit Puppe**: Dr. Holger Klee, Rotenburg, links

» ***Heliconius erato* ohne Puppe**: Franz Xaver (Wikimedia commons), rechts

[19] » **Kopulierende Wasserläufer**: Markus Flosbach, Siegen

[20] » ***Parnassius apollo***: © Karen Nichols

[21] » ***Xylocopa pubescens***: Gideon Pisanty (Gidip, Wikimedia commons)

[22] » ***Eresus kollari***: Fritz Geller-Grimm, Wiesbaden

[23] » ***Eufriesia purpurata***: Eframgoldberg, Wikimedia commons

[24] » ***Paligenia longicauda***: Solvin Zankl, Kiel

[25] » ***Cacicus cela***: Tim Bergel

[26] » **Nashornkäferkampf**: Uthen Kamsurin (www.thaiguidetothailand.com)

[27] » ***Vespa mandarinia***: John Horstman (itchydoimages, flickr)

[28] » ***Lytta vesicatoria***: Siga, Wikimedia commons

[29] » ***Philaenus spumarius***: Zirpe, Wikimedia commons

[30] » ***Orchesella cincta***: Edward Nurcombe, Großbritannien

[31] » ***Brachinus crepitans***: Mick Massie, London

[32] » ***Xestobium rufovillosum***: Gilles San Martin (GillesSM, Wikimedia commons)

[33] » ***Mantophasmatodea* in Bernstein**: Oliver Zompro (www.matophasmatodea.de), links oben

» ***Mantophasmatodea*, lebend**: Oliver Zompro (www.matophasmatodea.de), links unten

» ***Mantophasmatodea*, Briefmarke**: Oliver Zompro (www.matophasmatodea.de), rechts

[34] » ***Scolopendra gigantea***: Katka Nemčoková (http://nemcok.sk/)

[35] » ***Meganeuropsis permiana***: Abguss im Museum des Sciences Naturelles, Brüssel; Hcrepin, Wikimedia commons

[36] » ***Caprella bathytatos***: Alexander Semenow, White Sea Biological Station Russland

[37] » **Bärtierchen**: Eye of Science, Reutlingen

[38] » ***Biston betularia*, hell**: Jamie McMillan, Dorchester, Dorset, Grossbrittanien, links

» ***Biston betularia*, dunkel**: Jerzy Strzelecki (Jerzystrzelecki, Wikimedia commons), rechts

[39] » ***Diaphora mendica***: Ian Kimber, http://ukmoths.org.uk, oben

» *Arctia villica*: Jarosław Bury, unten links
» *Pericallia matronula*: Fritz Wüthrich, Wimmis, Schweiz, unten rechts
[40] » *Onymacris unguicularis*: Solvin Zankl
[41] » *Lygaeus equestris*: Joaquim Alves Gaspar, Lissabon (Alvesgaspar, Wikimedia commons)
[42] » *Zygaena ephialtes*: Clemens M. Brandstetter, Buers, Deutschland (Wikimedia commons), links
» *Amata phegea*: Walter Schön, rechts
[43] » *Nephila maculata*: Gail Hampshire
[44] » **Pseudoskorpion**: Sarefo, Wikimedia commons
[45] » *Volucella bombylans*: Siga, Wikimedia commons
[46] » *Hemisphaerota cyanea*: Rebecca Forkner, Fairfax, Virginia, USA
[47] » *Camponotus gigas*: Hock Ping Guek
[48] » *Gynaephora groendlandica*: Mike Beauregard, Nunavut, Kanada (Flickr & Wikimedia commons)
[49] » *Ennomos quercaria*: Egbert Friedrich, Jena
[50] » *Osmia papaveris* (3 Bilder): Roland Günter, Seßlach
[51] » *Megachile parietina* (Biene hineinkriechend): Andreas Müller, Fachstelle Naturschutz, Zürich, links oben
» *Megachile parietina* (Biene herausschauend und Zelle verschlossen): Paul Westrich, Kusterdingen, Deutschland, linkd unten u. rechts
[52] » *Anasteochus melanohalteris*: Joyce Gross, University of California, Berkeley
[53] » *Bembix rostrata*: Pietro Niolu
[54] » *Osmia bicolor*: Antje Schulte
[55] » *Heriaeus hirtus*: Lucarelli, Wikimedia commons
[56] » *Lucanus cervus*: Karel Gallas (Thinkstock)
» *Lucanus cervus*, Briefmarke: Gemeinfrei nach §5 Abs. 1 UrhG
[57] » *Chamaesphecia leucopsiformis*: Michael Schäfer, Berlin
[58] » *Thaumetopoea pityocampa*: Olei, Wikimedia commons
[59] » *Deilephila porcellus*: Jean Pierre Hamon (Entomolo, Wikimedia commons)
[60] » *Antophora aestivalis*: Hans-Jürgen Martin
[61] » *Aeshna viridis*, **Briefmarke**: Gemeinfrei nach §5 Abs. 1 UrhG
[62] » *Calosoma sycophanta*: Nekane Manjón, Zaragoza, Spanien
[63] » *Lycaena dispar*: Patricia Hoffmeister
[64] » *Glaucopsyche xerces*: free online pictures *thundafunda*
[65] » *Eupithecia irriguata*: Chris Manley
[66] » *Gastropacha populifolia*: Walter Schön
[67] » *Periphanes delphinii*: Vladimir Savchuk, Russland
[68] » *Meloe coriarus*: Bernd Nickel, Berlin
» *Meloe hungarus*: Dragisa Savic, Nacionalni park Fruska gora, Serbien
[69] » *Cerura erminea*: Walter Schön
[70] » *Eriogaster catax*: Lubomir Hlasek, Tschechien

[71] » *Pistius truncatus*: Siegfried Bollenbach
[72] » *Mantispa styriaca*: © Ekkehard Wachmann, Berlin
[73] » *Clerus mutilarius*: Per Hoffmann Olsen
[74] » *Spatalia argentina*: © Pathpiva
[75] » *Zygaena fausta*: Gaell Mainguy, Veolia Environment Institute, Paris
[76] » *Gomphus vulgatissimus*: Simon West, Enfield, Middlesex, England
[77] » *Gryllotalpa gryllotalpa*: Ian Tragen, Los Alcázares, Murcia, Spanien (Thinkstock)
[78] » *Cucullia artemisiae*: Mario Trampenau
[79] » *Chrysobothris affinis*: Lukas Jonaitis, Lithauen
[80] » *Rhynchites bacchus*: Juraj Komar, Piestany, Slowakei
[81] » *Synema globosum*: Hectonichus, Wikimedia commons
[82] » *Graphoderus bilineatus*: Nature Eyes/Keld Mortensen
[83] » *Yllenus arenarius*: Barbara Stumme, Hamburg
[84] » *Pilemostosa fastuosa*: Kirill Makarov, Russland
[85] » *Cyzicus tetracerus*: Lubomir Hlasek, Tschechien
[86] » *Pentophera morio*: Pál Kovács, Ungarn
[87] » *Orbona fragariae*: Genehmigt von yyzz2@mail.goo.de.jp
[88] » *Urania sloanus*: © The Manchester Museum, GB
[89] » *Lymantria dispar*: Mit freundlicher Genehmigung von Entomart, www.entomart.be
[90] » *Cupido osiris*: Codrin Cobzaru
[91] » *Selenia lunularia*: Tony Morris, St. Margaret's at Cliffe, Kent, GB
[92] » *Deinacrida rugosa*: Sid Mosdell
[93] » *Tinostoma smaragditis*: Mandy Heddle, Bangkok
[94] » *Eurythyrea quercus*: Nikola Rahmé, Ungarn
[95] » *Cypriasis splendens*: Nikola Rahmé
[96] » *Macrosiagon tricuspidatum*: Nikola Rahmé
[97] » *Birgus latro*: Naturkundemuseum, La Rochelle, Frankreich (Jebulon, Wikimedia commons)
[98] » *Larra americana*: Andrei Sourakov
[99] » *Calopteryx virgo*: Sybe Visser
[100] » *Astata boops*: Adam Opioła (selso, Wikimedia commons)
[101] » *Lamprohiza splendidula*: NEUROtiker, Wikimedia commons
» *Lampyris moctiluca*: Wofl, Wikimedia commons
[102] » *Oreophoetes peruana*: Drägüs, Wikimedia commons
[103] » **Blattschneiderameise**: Micha Klootwijk (Thinkstock)
[104] » **Knallkrebs mit Grundel**: Steve Childs (Flickr & Wikimedia commons)
» **Knallkrebs-Scheren**: Arthur Anker
[105] » *Gigantocypris muelleri*: Solvin Zankl, Kiel
[106] » **Termitenhügel**: Nigel Paine
[107] » **Schildlaus *Dactylopius coccus***: Newberry Library: Vault Ayer MS 1031 (Xocoyotzin, Wikimedia commons)

Nachstehend finden Sie eine Linkliste, die Ihnen mit Hilfe von QR-Codes (englisch für "Quick Response") – einem von der Firma Denso Wave entwickelten Code – mit Ihrem Smartphone einen schnellen und einfachen Zugriff auf die verlinkten Seiten ermöglicht. Alles, was Sie dazu benötigen, ist ein QR-Code-Reader, den Sie kostenlos in den diversen App-Stores herunterladen können.

Literaturnachweis
Teil 1 – Nützliche Insekten, Spinnen und Krebse
www.m.kosmos.de/14336/t1

Literaturnachweis
Teil 2 – Insekten und ihre Verwandten:
Verblüffende Geschichten
www.m.kosmos.de/14336/t2

Literaturnachweis
Teil 3 – Die Ursachen des Aussterbens
www.m.kosmos.de/14336/t3

Literaturnachweis
Teil 4 – Was können wir tun?
www.m.kosmos.de/14336/t4

Die Homepage des Autors finden Sie
unter folgendem Link:
www.mariomarkus.com

**Impressum**

Umschlaggestaltung von Populärgrafik unter Verwendung eines Farbfotos von © entomart.
Das Covermotiv zeigt einen Schwammspinner (*Lymantria dispar*)

Mit 128 Farbfotos.
Die Namen der Fotografen finden Sie im Bildnachweis auf den Seiten 243–246



Gedruckt auf chlorfrei gebleichtem Papier


ISBN 978-3-440- 14336-0
Redaktion: Monika Weymann
Gestaltung und Satz: Populärgrafik Stuttgart
Produktion: Markus Schärtlein
Layout: Populärgrafik
Printed in Czech Republic / Imprimé en République Tchèque